"十二五"职业教育国家规划教材

经全国职业教育教材审定委员会审定

二维动画设计软件应用

（Flash CS6）

马玥桓　主　编

赵玲玉　副主编

电子工业出版社·

Publishing House of Electronics Industry

北京·BEIJING

内 容 简 介

本书根据教育部颁发的《中等职业学校专业教学标准（试行）信息技术类（第一辑）》中的相关教学内容和要求编写，从满足经济发展对高素质劳动者和技能型人才的需求出发，在课程结构、教学内容、教学方法等方面进行了新的探索与改革创新，以利于学生更好地掌握本课程的内容，利于学生理论知识的掌握和实际操作技能的提高。

本书以岗位工作过程来确定学习任务和目标，综合提升学生的专业能力、过程能力和职位差异能力，以具体的工作任务引领教学内容。系统地介绍了 Flash 绘制图画、Flash 图形编辑、Flash 元件和库、Flash 时间轴和动画、引导路径动画、遮罩动画、Flash 动画中的音频和视频、交互功能和影片输出、制作 Flash 动画短片等内容。

本书是计算机平面设计专业的专业核心课程教材，可作为各类 Flash 培训班的教材，也可供二维动画设计、制作人员参考学习。本书配有教学指南、电子教案和案例素材，详见前言。

图书在版编目（CIP）数据

二维动画设计软件应用：Flash CS6 / 马玥桓主编. —北京：电子工业出版社，2016.5

ISBN 978-7-121-24867-2

Ⅰ. ①二… Ⅱ. ①马… Ⅲ. ①动画制作软件—中等专业学校—教材 Ⅳ. ①TP391.41

中国版本图书馆 CIP 数据核字（2014）第 276094 号

策划编辑：杨　波
责任编辑：郝黎明
印　　刷：中国电影出版社印刷厂
装　　订：中国电影出版社印刷厂
出版发行：电子工业出版社
　　　　　北京市海淀区万寿路 173 信箱　邮编　100036
开　　本：787×1 092　1/16　印张：10.75　字数：275.2 千字
版　　次：2016 年 5 月第 1 版
印　　次：2023 年 2 月第 14 次印刷
定　　价：32.00 元

编审委员会名单

主任委员:

武马群

副主任委员:

王　健　　韩立凡　　何文生

委　　员:

丁文慧	丁爱萍	于志博	马广月	马永芳	马玥桓	王　帅	王　苒	王　彬
王晓姝	王家青	王皓轩	王新萍	方　伟	方松林	孔祥华	龙天才	龙凯明
卢华东	由相宁	史宪美	史晓云	冯理明	冯雪燕	毕建伟	朱文娟	朱海波
向　华	刘　凌	刘　猛	刘小华	刘天真	关　莹	江永春	许昭霞	孙宏仪
杜　珺	杜宏志	杜秋磊	李　飞	李　娜	李华平	李宇鹏	杨　杰	杨　怡
杨春红	吴　伦	何　琳	佘运祥	邹贵财	沈大林	宋　薇	张　平	张　侨
张　玲	张士忠	张文库	张东义	张兴华	张呈江	张建文	张凌杰	张媛媛
陆　沁	陈　玲	陈　颜	陈丁君	陈天翔	陈观诚	陈佳玉	陈泓吉	陈学平
陈道斌	范铭慧	罗　丹	周　鹤	周海峰	庞　震	赵艳莉	赵晨阳	赵增敏
郝俊华	胡　尹	钟　勤	段　欣	段　标	姜全生	钱　峰	徐　宁	徐　兵
高　强	高　静	郭　荔	郭立红	郭朝勇	黄　彦	黄汉军	黄洪杰	崔长华
崔建成	梁　姗	彭仲昆	葛艳玲	董新春	韩雪涛	韩新洲	曾平驿	曾祥民
温　晞	谢世森	赖福生	谭建伟	戴建耘	魏茂林			

序 | PROLOGUE

当今是一个信息技术主宰的时代，以计算机应用为核心的信息技术已经渗透到人类活动的各个领域，彻底改变着人类传统的生产、工作、学习、交往、生活和思维方式。和语言、数学等能力一样，信息技术应用能力也已成为人们必须掌握的、最为重要的基本能力。可以说，信息技术应用能力和计算机相关专业，始终是职业教育培养多样化人才，传承技术技能，促进就业创业的重要载体和主要内容。

信息技术的发展，特别是数字媒体、互联网、移动通信等技术的普及应用，使信息技术的应用形态和领域都发生了重大的变化。第一，计算机技术的使用扩展至前所未有的程度，桌面式计算机和移动终端（智能手机、平板电脑等）的普及，网络和移动通信技术的发展，使信息的获取、呈现与处理无处不在，人类社会生产、生活的诸多领域已无法脱离信息技术的支持而独立进行。第二，信息媒体处理的数字化衍生出新的信息技术应用领域，如数字影像、计算机平面设计、计算机动漫游戏和虚拟现实等。第三，信息技术与其他业务的应用有机地结合，如商业、金融、交通、物流、加工制造、工业设计、广告传媒和影视娱乐等，使之形成了各自独有的生态体系，综合信息处理、数据分析、智能控制、媒体创意和网络传播等日益成为当前信息技术的主要应用领域，并诞生了云计算、物联网、大数据和3D打印等指引未来信息技术应用的发展方向。

信息技术的不断推陈出新及应用领域的综合化和普及化，直接影响着技术、技能型人才的信息技术能力的培养定位，并引领着职业教育领域信息技术或计算机相关专业与课程改革、配套教材的建设，使之不断推陈出新、与时俱进。

2009年，教育部颁布了《中等职业学校计算机应用基础大纲》。2014年，教育部在2010年新修订的专业目录基础上，相继颁布了计算机应用、数字媒体技术应用、计算机平面设计、计算机动漫与游戏制作、计算机网络技术、网站建设与管理、软件与信息服务、客户信息服务、计算机速录9个信息技术类相关专业的教学标准，确定了教学实施及核心课程内容的指导意见。本套教材就是以以上大纲和标准为依据，结合当前最新的信息技术发展趋势和企业应用案例组织开发和编写的。

本书的主要特色

● 对计算机专业类相关课程的教学内容进行重新整合

本套教材面向学生的基础应用能力，设定了系统操作、文档编辑、网络使用、数据分析、媒体处理、信息交互、外设与移动设备应用、系统维护维修、综合业务运用等内容；针对专业应用能力，根据专业和职业能力方向的不同，结合企业的具体应用业务规划了教材内容。

● 以岗位工作过程来确定学习任务和目标，综合提升学生的专业能力、过程能力和职位差异能力

本套教材通过以工作过程为导向的教学模式和模块化的知识能力整合结构，力求实现产业需求与专业设置、职业标准与课程内容、生产过程与教学过程、职业资格证书与学历证书、终身学习与职业教育的"五对接"。从学习目标到内容的设计上，本套教材不再仅仅是专业理论内容的复制，而是经由职业岗位实践——工作过程与岗位能力分析——技能知识学习应用内化的学习实训导引和案例。借助知识的重组与技能的强化，达到企业岗位情境和教学内容要求相贯通的课程融合目标。

● 以项目教学和任务案例实训为主线

本套教材通过项目教学，构建了工作业务的完整流程和岗位能力需求体系。项目的确定应遵循三个基本目标：核心能力的熟练程度，技术更新与延伸的再学习能力，不同业务情境应用的适应性。教材借助以校企合作为基础的实训任务，以应用能力为核心、以案例为线索，通过设立情境、任务解析、引导示范、基础练习、难点解析与知识延伸、能力提升训练和总结评价等环节，引领学习者在完成任务的过程中积累技能、学习知识，并迁移到不同业务情境的任务解决过程中，使学习者在未来可以从容面对不同应用场景的工作岗位。

当前，全国职业教育领域都在深入贯彻全国职教工作会议精神，学习领会中央领导对职业教育的重要批示，全力加快推进现代职业教育。国务院出台的《加快发展现代职业教育的决定》明确提出要"形成适应发展需求、产教深度融合、中职高职衔接、职业教育与普通教育相互沟通，体现终身教育理念，具有中国特色、世界水平的现代职业教育体系"。现代职业教育体系的建立将带来人才培养模式、教育教学方式和办学体制机制的巨大变革，这无疑给职业院校信息技术应用人才培养提出了新的目标。计算机类相关专业的教学必须要适应改革，始终把握技术发展和技术技能人才培养的最新动向，坚持产教融合、校企合作、工学结合、知行合一，为培养出更多适应产业升级转型和经济发展的高素质职业人才做出更大贡献！

前言 | PREFACE

为建立健全教育质量保障体系，提高职业教育质量，教育部于 2014 年颁布了中等职业学校专业教学标准（以下简称专业教学标准）。专业教学标准是指导和管理中等职业学校教学工作的主要依据，是保证教育教学质量和人才培养规格的纲领性教学文件。在"教育部办公厅关于公布首批《中等职业学校专业教学标准（试行）》目录的通知"（教职成厅[2014]11 号文）中，强调"专业教学标准是开展专业教学的基本文件，是明确培养目标和规格、组织实施教学、规范教学管理、加强专业建设、开发教材和学习资源的基本依据，是评估教育教学质量的主要标尺，同时也是社会用人单位选用中等职业学校毕业生的重要参考。"

本书特色

本书根据教育部颁发的《中等职业学校专业教学标准（试行）信息技术类（第一辑）》中的相关教学内容和要求编写。

本书以岗位工作过程来确定学习任务和目标，综合提升学生的专业能力、过程能力和职位差异能力，以具体的工作任务引领教学内容。系统地介绍了 Flash 绘制图画、Flash 图形编辑、Flash 元件和库、Flash 时间轴和动画、引导路径动画、遮罩动画、Flash 动画中的音频和视频、交互功能和影片输出、制作 Flash 动画短片等内容。

本书是计算机平面设计专业的专业核心课程教材，可作为各类 Flash 培训班的教材，还可以供二维动画设计、制作人员参考学习。

本书作者

本书由马玥桓主编，赵玲玉副主编，参加编写的人员还有：邴纪纯、邹纬娇、魏利群、张琴诗、王欣、马巍、刘健、张鑫娟、郑广思、陈楠、王健、郑魏。由于编者水平有限，书中难免存在疏漏之处，敬请广大读者批评指正。

教学资源

为了提高学习效率和教学效果，方便教师教学，作者为本书配备包括电子教案、教学指南、微课等配套的教学资源。请有此需要的读者登录华信教育资源网免费注册后进行下载，有问题时请在网站留言板留言或与电子工业出版社联系。

编 者

CONTENTS | 目录

Flash 绘制图画

图形是 Flash 动画的主要组成部分，它作为 Flash 动画中最直观的载体，在动画设计过程中起着重要的作用，可以说图形质量的高低直接影响动画的品质。本章将通过绘制人物形象与背景图形，使读者熟练掌握 Flash 中的绘图工具、颜色填充工具及选择对象工具的使用方法。

学会什么

① 辅助工具的使用方法
② 绘图工具的使用方法
③ 颜色工具及面板的使用
④ 选择对象工具对线条编辑与修改

项目展示

本项目共有 4 个任务，分别制作如图 1-1～图 1-4 所示效果。

图 1-1　洋葱头

图 1-2　卡通女孩

图 1-3　阳光海滩

图 1-4　月光下的船

 范例分析

　　通过本项中的 4 个任务，可掌握通过综合运用绘图工具绘制丰富的图形，掌握绘图工具、颜色工具、选择工具等的使用方法。

　　任务 1 如图 1-1 所示，主要运用线条工具绘制简单的卡通图形，熟练掌握选择工具修改线条的使用方法和技巧。

　　任务 2 如图 1-2 所示，使用钢笔工具绘制卡通女孩形象，掌握钢笔工具编辑曲线及颜色填充的使用方法。

　　任务 3 如图 1-3 所示，绘制阳光海滩，通过对图形的设计与绘制，灵活运用各种绘图工具的使用方法及场景图形的画法步骤。

　　任务 4 如图 1-4 所示，绘制月光下的船，掌握图形的组合与剪切以及渐变色的填充。

 学习重点

　　本项目重点掌握绘图工具的基本知识，掌握绘图工具、颜色工具、选择工具等的使用方法。

储备新知识

辅助工具

在 Flash CS6 中制作动画时，常常需要对某些对象进行精确定位，这时可使用标尺、网格、辅助线这 3 种辅助工具来定位对象。

1. 标尺

通过执行"视图"→"标尺"命令或按【Ctrl+Alt+Shift+R】快捷键，即可将标尺显示在编辑区的上边缘和左边缘处。在显示标尺的情况下，移动舞台上的对象，将在标尺上显示刻线，以指出该对象的尺寸。若再次执行"视图"→"标尺"命令或按相应的组合键，则可以将标尺隐藏。

默认情况下，标尺的度量单位是像素。如果需要更改标尺的度量单位，可通过执行"修改"→"文档"命令，在打开的"文档属性"对话框中的"标尺单位"下拉列表框中选择相应的单位。

2. 网格

使用网格可以更加精确地排列对象，或绘制一定比例的图像，并且还可以对网格的颜色、间距等参数进行设置，以满足不同的要求。

在 Flash CS6 中，执行"视图"→"网格"→"显示网格"命令或按"Ctrl+,"快捷键显示网格。若再次执行命令或按组合键，则可将网格隐藏。

执行"视图"→"网格"→"编辑网格"命令或按【Ctrl+Alt+G】快捷键，打开"网格设置"对话框，在该对话框中可以对网格的颜色、间距进行编辑。

3. 辅助线

使用辅助线可以对舞台中的对象进行位置规划，对各个对象的对齐和排列情况进行检查，还可以提供自动吸附功能。使用辅助线之前，需要将标尺显示出来。在标尺为显示状态下，使用鼠标分别在水平和垂直的标尺处向舞台中拖动，就可以从标尺上拖出水平和垂直辅助线。

执行"视图"→"辅助线"→"显示辅助线"命令或按【Ctrl+;】快捷键，将显示辅助线。再次执行命令或按组合键即可隐藏辅助线。辅助线的属性也可以

进行自定义，执行"视图"→"辅助线"→"编辑辅助线"命令，即可打开"辅助线"对话框。在该对话框中可以对辅助线进行编辑，如锁定、隐藏、贴紧至辅助线，全部清除辅助线，更改辅助线颜色等。

绘图工具

Flash CS6 的工具箱，位于工作界面的右侧，用户通过执行"窗口"→"工具"命令或按【Ctrl+F2】组合键，可以关闭或显示工具箱，如图 1-5 所示。

　　工具箱可分为 4 个区：工具区、查看区、颜色区和选项区。查看区的工具很容易理解，一个是手形工具，用于拖曳舞台以便查看对象；另一个是放大镜工具，用于放大或缩小舞台显示比例。

　　工具区中的主要绘图工具包括：钢笔工具、线条工具、矩形工具、铅笔工具和刷子工具等。

　　钢笔工具：本身有绘图的功能，但也具有改变其他曲线的功能，它可以在一条曲线之间增加或删减节点。有句俗话说"不会用钢笔就别说会用 Flash"，可见其重要作用。钢笔工具刚开始不太容易上手，不过不用操之过急，随着对软件的熟悉，逐渐就可以熟练运用了，如图 1-6 所示。

图 1-5　工具箱　　　　　　　　　　　图 1-6　钢笔工具

　　线条工具：线条工具是 Flash 中常用的工具，也是元件动画必不可少的主要工具，包括抠图、描线等。配合选择工具结合使用，能快速地绘画出想要的图形。

　　矩形工具：单击矩形工具图标不松手会出现更多图形。按住【Shift】键会画出正方形和圆形。基本矩形工具：可以画出带倾斜角的方形。基本椭圆工具：可以画出饼图形状等。多角形工具：在属性的选项中，可以设置样式。

　　铅笔工具：有了线条和钢笔工具，铅笔工具显得逊色不少。铅笔工具大多配合数位板进行绘图，推荐给有绘画功底的人使用。

　　刷子工具：刷子工具和铅笔工具的不同之处在于铅笔是笔触状态，刷子是填充状态，刷子工具也是用数位板的人经常用的工具，数位板安装驱动后会增加"压感"选项。

 填充工具

　　墨水瓶工具：墨水瓶工具用于用当前轮廓方式对对象进行描边。描边类型可以在"属性"面板里设置。

　　颜料桶工具：颜料桶工具用于以当前填充样式对对象或轮廓进行填充。它所对应的选项区中"空隙大小"按钮有以下几种选择。

① 不封闭空隙 ：表示要填充的区域必须在完全封闭的状态下才能进行填充。

② 封闭小空隙 ：表示要填充的区域在小缺口的状态下可以进行填充。

③ 封闭中等空隙 ：对中等空隙进行自动封闭。

④ 封闭大空隙 ：对大空隙进行自动封闭。

　　吸管工具：吸管工具用于获取对象的填充色或轮廓色。当用吸管工具单击线条时，"属性"面板显示的就是该线条的属性，此时所选工具自动变成颜料桶工具，然后再用它去修改其他线条或填充的属性。

　　橡皮擦工具：橡皮擦工具用于擦除对象的填充轮廓。选择橡皮擦工具后，在选项区显示的橡皮擦选项如下所示。

① **橡皮擦形状** ● ：选择一种橡皮擦的形状。

② **水龙头** 🚰 ：可以一次把鼠标单击处的整片区域擦除。

③ **橡皮擦模式** 🔄 ：可以选择何种方式擦除填充区域和轮廓。它有以下选项。

标准擦除 🔄 ：将经过的所有填充区域和轮廓擦除。

擦除填色 ◉ ：将经过的所有填充区域擦除。

擦除线条 ◐ ：将经过的所有轮廓擦除。

擦除所选填充 ◕ ：将经过的已被选中的填充区域和轮廓擦除。

内部擦除 ◐ ：将包含了橡皮擦运动轨迹起点的对象的填充区域擦除。

任务 1　绘制简单的图形——洋葱头

🔍 作品展示

在 Flash 中，线条工具是最简单的绘图工具，本次任务通过绘制简单卡通图案来——洋葱头来掌握线条工具的使用方法，如图 1-7 所示。

图 1-7　洋葱头

📖 任务分析

利用"直线工具"绘制大轮廓形状；利用"选择工具"（黑箭头）调整弧度；利用"椭圆工具"绘制鼻子、嘴等；利用"颜料桶工具"填充颜色。

🔍 任务实施

步骤 1　选择"文件"→"新建"菜单命令，新建一个 Flash 文档。设置相关参数如图 1-8 所示。

步骤 2　选择"图层 1"，使用线条工具，快捷键为【N】，在舞台中确定起点，单击，并拖曳鼠标，在舞台上依次创建直线，绘制出卡通形象的大致轮廓，如图 1-9 所示。

步骤 3　使用选择工具，将鼠标指针移动到场景中的卡通形象的外形上，待其鼠标指针变成  形状时调整线条的弧度，如图 1-10 所示。

步骤 4 使用部分选取工具 ，快捷键为【A】，调整节点使路径为闭合路径，使用颜料桶工具填充黑色，如果是开放路径则无法填充，如图 1-11 所示。

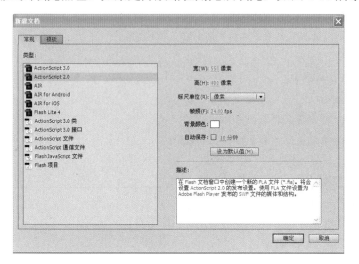

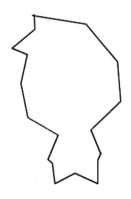

图 1-8 新建文件参数设置

图 1-9 直线绘制大致轮廓

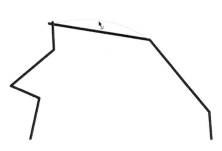

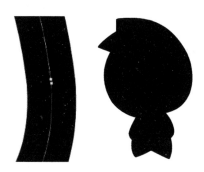

图 1-10 调整线条弧线

图 1-11 调整路径

步骤 5 新建"图层 2"，同理，绘制内部白色轮廓，调整路径为闭合路径，填充白色，如图 1-12 所示。

步骤 6 新建"图层 3"，同理，绘制头发，填充颜色，图层置于"图层 2"下，如图 1-13 所示。

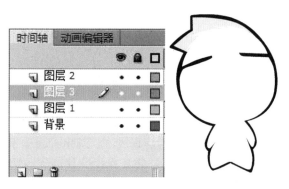

图 1-12 绘制白色轮廓

图 1-13 绘制头发并置于"图层 2"下

步骤 7 新建"图层 4",使用椭圆形工具,绘制鼻子和嘴,如图 1-14 所示。

步骤 8 新建"图层 5",选择线条工具,绘制树叶、线条等、完成作品,效果如图 1-15 所示。

图 1-14 绘制鼻子和嘴   图 1-15 绘制、线条等树叶

 任务经验

本实例着重练习了线条工具的使用、颜色的填充、选择工具拖曳曲线的功能,其中颜色填充的前提必须是封闭路径,如果颜色无法填充,需要放大图形找到断点进行路径的闭合。

任务 2 矢量图绘制——卡通可爱女孩

 作品展示

在人物设定中,Q 版人物不好把握,这是由于 Q 版人物的比例很夸张,如图所示 1-16 所示。

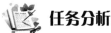 **任务分析**

利用"钢笔工具"、"直线工具"绘制大轮廓;利用"选择工具"(黑箭头)调整弧度;利用"椭圆工具"绘制眼睛、耳朵等;利用"直线工具"绘制衣服;利用"颜料桶工具"填充颜色。

 任务实施

步骤 1 选择"文件"→"新建"菜单命令,新建一个 Flash 文档。设置相关参数如图 1-17 所示。

图 1-16 卡通可爱女孩

步骤 2 选择钢笔工具,快捷键为"P",在舞台中确定起点,单击并拖曳鼠标,在舞台上依次创建其他锚点,当鼠标指针移至起点位置时,鼠标指针的右下方出现一个小圆圈,在鼠标指针的右下方出现小圆圈时单击，创建闭合曲线，按住【Ctrl】键的同时在添加的锚点上单击，调出控制柄，拖曳控制柄，调整曲线的弧度。用同样的方法调整其他锚点以控制曲线的形状，绘制人物的头发轮廓，将"图层1"重命名为"头发"，如图1-18所示。

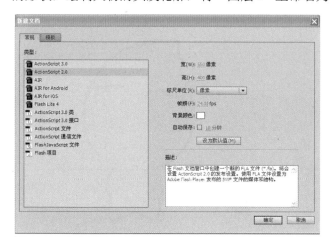

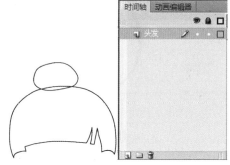

图1-17　新建文件参数设置　　　　　　　　　　　图1-18　绘制的头发轮廓

步骤3　选择颜料桶工具，设置填充色，如图1-19所示，将颜料桶工具移至头发区域内，单击填充颜色，如图1-20所示。

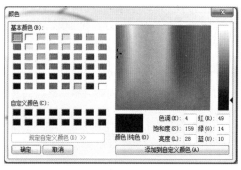

图1-19　填充色设置　　　　　　　　　　　图1-20　头发填充颜色

步骤4　新建"脸"图层，移动图层位于"头发"图层下，绘制脸部轮廓，设置其填充色为皮肤色，如图1-21所示。

步骤5　新建图层"耳朵"，选择椭圆工具，绘制椭圆形，使用选择工具拖曳出不规则图形，填充皮肤色，并调整图层顺序，如图1-22所示。

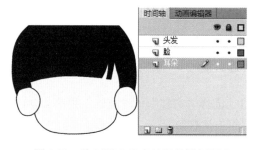

图1-21　绘制脸部轮廓并填充皮肤色　　　　　　图1-22　绘制耳朵轮廓并调整图层顺序

步骤 7 新建图层"眼睛",选择椭圆工具,绘制眼睛,在"颜色"面板中选择"线性渐变"填充,如图 1-23 所示。

步骤 8 选择眼睛,依次右击,在弹出的快捷菜单中选择复制"(Ctrl+C)"和"粘贴(Ctrl+V)"命令,使用任意变形工具 ■ 使其水平翻转,如图 1-24 所示。

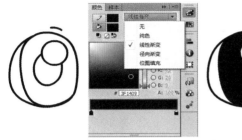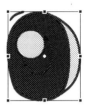

图 1-23 绘制眼睛并填充线性渐变   图 1-24 复制并水平翻转眼睛

步骤 9 新建图层"五官",选择线条工具,绘制眉毛、鼻子、嘴等的大致形状,使用选择工具拖曳成弧线,如图 1-25 所示。

步骤 10 新建"面部阴影"图层,置于"头发"图层下,"脸"图层上,使用钢笔工具绘制阴影,填充深肤色,如图 1-26 所示。

图 1-25 绘制五官   图 1-26 绘制面部阴影并填充深肤色

步骤 11 绘制椭圆形,旋转一定角度,填充渐变色,取消描边,如图 1-27 所示。

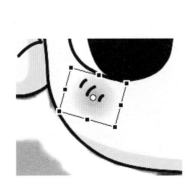

图 1-27 红脸蛋绘制

步骤 12　新建"蝴蝶结"图层，使用绘图工具在头发上绘制蝴蝶结，使用椭圆形工具绘制装饰点，如图1-28所示。

步骤 13　新建"头发阴影"图层，使用钢笔工具绘制头发阴影，取消描边，填充深棕色，如图1-29所示。

步骤 14　同理，绘制头发高光，完成头部绘制，如图1-30所示。

图1-28　绘制蝴蝶结

图1-29　绘制头发阴影

图1-30　绘制头发高光

步骤 15　分别新建"衣服"、"马夹"、"裤子"图层，注意图层顺序，使用线条工具绘制衣服，效果如图1-31所示。

步骤 16　新建"衣服阴影"图层，给衣服加上阴影效果，使其立体感更强，效果如图1-32所示。

步骤 17　最后，新建"背景"图层，给人物绘制背景，使作品更加完善，效果如图1-33所示。

图1-31　绘制衣服

图1-32　绘制衣服阴影

图1-33　绘制人物背景

 任务经验

本实例着重练习了钢笔工具的使用，颜色、渐变色的填充，其中钢笔工具最强的功能在于绘制曲线，不仅可以对图形进行精准的设计，还可以对路径节点进行编辑，如调整路径、增加节点、将节点转化为角点以及删除节点等。

任务 3　绘制场景图形——阳光海滩

作品展示

自然场景的绘制在动画片中随处可见，要想设计好符合情节的自然景色，必须要打好基础，掌握自然界中天空、云朵、山石、树木等的画法，本实例效果如图 1-34 所示。

图 1-34　阳光海滩效果

任务分析

利用 "直线工具" 绘制大轮廓；利用"钢笔工具"细致刻画；利用"选择工具"（黑箭头）调整弧度；利用"颜料桶工具"填充颜色及渐变色。

任务实施

步骤 1　选择"文件"→"新建"菜单命令，新建一个 Flash 文档。设置相关参数如图 1-35 所示。

图 1-35　新建文件参数设置

步骤 2 在舞台上先画出海平面、海滩和遮阳伞的大概位置，如图 1-36 所示。

步骤 3 使用线条工具绘制大体轮廓，画出天空、白云和遮阳伞的大体轮廓，如图 1-37 所示。

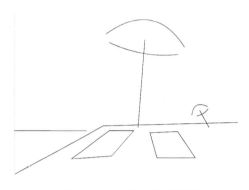

图 1-36 直线绘制大概位置

图 1-37 绘制大体轮廓

步骤 4 进一步刻画细节，完成轮廓的绘制，线条要平滑，如图 1-38 所示。

步骤 5 上基本色，为画面上色，沙滩用淡淡的土黄色，海面用深蓝色，天空填充为径向渐变，遮阳伞填充为蓝绿相间的颜色，如图 1-39 所示。

图 1-38 刻画细节

图 1-39 上基本色

步骤 6 给暗部上色，画出明暗交界线，填充暗部颜色，如图 1-40 所示。

图 1-40 给暗部上色

步骤 7 删除明暗交界线，并画出海水波浪的形状，用阳光、帆船、贝壳、海鸥等点缀画面，最终效果如图 1-41 所示。

图 1-41 最终效果

 任务经验

本实例着重练习了线条工具的使用、颜色的填充、选择工具拖曳曲线的功能，其中颜色填充的前提必须是封闭路径，如果颜色无法填充，需要放大图形找到断点进行路径的闭合。

任务 4 线条与色块——月光下的船（综合）

作品展示

在 Flash 中，椭圆工具是使用频率较高的绘图工具，恰当地使用椭圆工具，可以绘制出各种各样简单而又生动的图形，如图 1-42 所示。

图 1-42 月光下的船

 任务分析

利用"椭圆工具"绘制月亮、云朵、波浪；利用"多角星形工具"绘制星星。

 任务实施

步骤 1　选择"文件"→"新建"菜单命令，新建一个 Flash 文档，设置相关参数如图 1-43 所示。

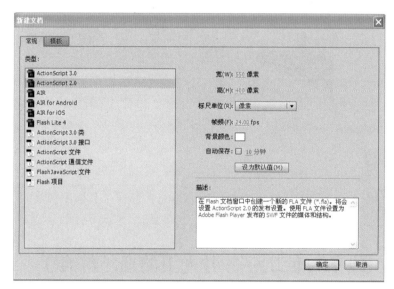

图 1-43　新建文件参数设置

步骤 2　选择"图层 1"，绘制舞台大小的矩形，填充径向渐变，制作夜空效果，如图 1-44 所示。

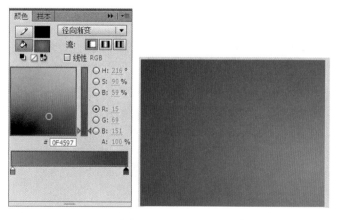

图 1-44　绘制夜空

步骤 4　新建"星星"图层，使用多角星形工具，在"属性"选项中设置"星形"样式，填充黄白色径向渐变，如图 1-45 所示。

步骤 5　复制星形，改变大小，形成星空效果，如图 1-46 所示。

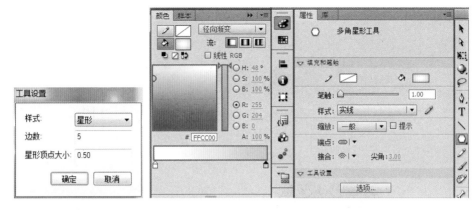

图 1-45 绘制星星

步骤 6 新建"波浪 1"图层，绘制蓝色矩形，如图 1-47 所示。

图 1-46 星空效果

图 1-47 绘制蓝色矩形

步骤 7 绘制圆形，按住【Shift+Alt】快捷键可以绘制正圆，复制排列于长方形上方，如图 1-48 所示。

步骤 8 删除圆形，形成剪切波浪效果，如图 1-49 所示。

图 1-48 绘制圆形并排列于长方形上方

图 1-49 剪切波浪效果

步骤 9 复制波浪形状于新建图层"波浪 1 阴影"中，置于"波浪 1"下，填充黑色效果，同理绘制"波浪 2"、"波浪 3"，如图 1-50 所示。

步骤 10 新建"云朵"图层，使用椭圆工具绘制云朵，填充径向渐变，效果如图 1-51 所示。

步骤 11 复制云朵到新建图层"云朵阴影"中，填充灰色，在"修改"菜单中，选择"形状"→"柔滑填充边缘"命令，在打开的"柔化填充边缘"对话框中设置数值参数，效果

二维动画设计软件应用（Flash CS6）

如图 1-52 所示。

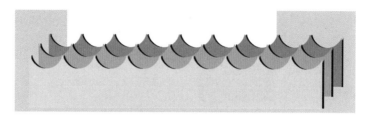

图 1-50 绘制波浪

图 1-51 绘制云朵并填充径向渐变

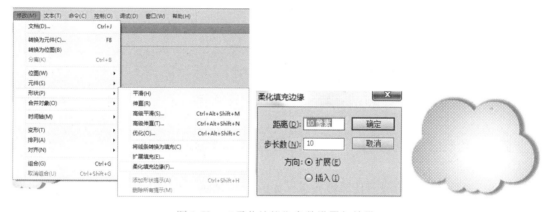

图 1-52 "柔化边缘"参数设置与效果

步骤 12 新建"月亮"图层，使用椭圆工具绘制月亮，形状柔滑边缘，效果如图 1-53 所示。

步骤 13 新建"小船"图层，使用线条工具，绘制小船，使用铅笔工具，在属性选项中选择"点刻线"进行装饰，效果如图 1-54 所示。

图 1-53 绘制月亮

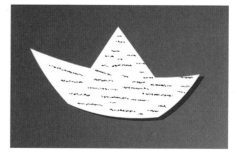

图 1-54 绘制小船

步骤 14 新建图层，制作黑幕，完成后的效果如图 1-55 所示。

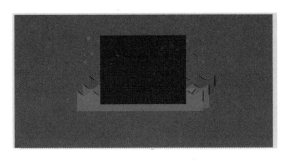

图 1-55　黑幕效果

 任务经验

本实例着重练习了椭圆工具的使用，图形的组合与剪切，径向渐变填充，边缘柔滑效果。

 思考与探索

思考：

1. 使用什么工具能够绘制直线？
2. 钢笔工具使用过程中分别按住【Shift】、【Ctrl】键时使用的是什么效果？
3. 线性渐变与径向渐变的区别是什么？
4. 椭圆工具的组合与剪切效果如何使用？

探索：

1. 综合使用所学绘图工具，练习绘制如图 1-56 所示的图形"熊猫"。

图 1-56　"熊猫"效果

2. 综合使用所学绘图工具，练习绘制场景图形"校园一角"，效果如图 1-57 所示。

图 1-57　"校园一角"效果

本章小结

　　本章是 Flash 软件教学中最基础的内容之一，通过绘制任务中的卡通形象和背景图形，讲授了 Flash 动画常用的绘图工具、颜色工具及面板、选择对象工具以及辅助工具的使用方法，希望读者能够绘制出更加精美的图形，为动画增添活力。

Flash 图形编辑

Flash 在进行图形绘制时，很难做到一步到位，通常需要经过不断地修改和细微地调整，才能得到理想的效果，这时就需要使用各种编辑工具来对图形进行细致处理了。那么本章就为广大读者介绍 Flash 的图形编辑工具。

学会什么

① 掌握图形的旋转
② 掌握图形的对齐或分布
③ 掌握图形的变形
④ 了解位图在 Flash 中的运用

项目展示

 范例分析

本章共有 4 个任务，分别使用图形编辑工具，对图形进行旋转、对齐、变形等操作，并且介绍了位图在 Flash 中的应用。

任务 1 如图 2-1 所示，主要运用旋转工具制作美丽的花朵，帮助读者深入了解旋转的概念，并熟练掌握它的使用方法和技巧。

任务 2 如图 2-2 所示，绘制齿轮，以便了解和掌握对齐、变形工具的使用方法。

任务 3 如图 2-3 所示，绘制一个箭头，然后对箭头进行变形，深入了解和掌握任意变形工具的使用方法。

图 2-1　花朵

图 2-2　齿轮

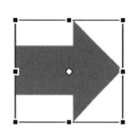

图 2-3　箭头变形

学习重点

本项目重点了解图形编辑的知识，学习旋转、变形、对齐等工具的使用方法，掌握 Flash 软件中位图的使用方法。

储备新知识

图形编辑工具

1. 选择工具

选择工具可以选择、移动或改变对象的形状。选择该工具，然后移动鼠标到直线的端点处，当指针右下角变成直角状时，拖动鼠标就可以改变线条的方向和长度，如图 2-4 所示。

将鼠标指针移动到线条上，指针右下角会变成弧线状。此时拖动鼠标，可以将直线变成曲线，如图 2-5 所示。

图 2-4　改变线条方向和长度　　　　　　　　图 2-5　将直线变成曲线

2. 部分选取工具 ⟑

部分选取工具用来编辑曲线轮廓，如拖动轮廓的节点或节点切线来改变对象的轮廓形状，或者可以拖动整个轮廓来移动对象。用该工具单击选中节点后，按【Delete】键，可将选中的节点删除。

3. 套索工具 ⟁

套索工具用于选择图形中不规则形状区域，被选定的区域可以作为一个单独的对象进行移动、旋转或变形。选择套索工具后，在选项区中出现魔术棒、魔术棒设置和多边形模式 3 种模式。

魔术棒 ⟁：该模式下，单击将选择被认为与单击处颜色相同的区域。

魔术棒设置 ⟁：单击该按钮将激活设置魔术棒参数的对话框，其中"阈值"用于设定判断为"相同"颜色的界限值，默认值为 10，该值越大，越容易判断为"相同"色。"平滑"用于设置选择区域的平滑程度。

多边形模式 ⟁：该模式下，将按照鼠标单击围成的多边形区域进行选择。

4. 任意变形工具 ⟁

任意变形工具用来改变和调整对象的变形，包括缩放、旋转、翻转、倾斜、扭曲、封套等形式。首先确认当前只有一个对象处于选取状态，否则将不能进行任意变形操作。选中对象后，单击任意变形工具，选取的对象将出现一个带有 8 个端点和一个中心点的控制点。可以拖动这些控制点实现对象的变形。此时选项区会出现 4 个对应的新按钮，分别说明如下。

旋转与倾斜 ⟁：单击该按钮，可以对选中的对象进行旋转或倾斜操作。

缩放 ⟁：单击该按钮，可以对选中的对象进行放大或缩小操作。

扭曲 ⟁：单击该按钮，可以对选中的对象进行扭曲操作。

封套 ⟁：单击该按钮，选中的对象四周会出现更多的控制点，可以对对象进行更精确的变形操作。

可以应用封套选项的对象：图形，利用钢笔、铅笔、线条、刷子工具绘制的对象和分解组件后的文字；不可以用扭曲的封套选项的对象：群组、元件、位图、影片对象、文本和声音。

任意变形工具还集合了渐变变形工具 ⟁，它可以对已经存在的填充进行调整，包括线性渐变填充、放射状渐变填充及位图填充。通过调整填充的大小、方向或者中心，可以使填充变形。选择渐变变形工具，单击用渐变或位图填充的区域，系统将显示一个带有编辑手柄的边框，当指针在这些手柄中的任何一个上面的时候，它会发生变化，显示该手柄的功能，各手柄介绍如下。

中心点：中心点手柄的变换图标是一个四向箭头。

焦点：仅在选择放射状渐变时才显示焦点手柄。焦点手柄的变换图标是一个倒三角形。

大小：大小手柄的变换图标是内部有一个箭头的圈圈

旋转：调整渐变的旋转。旋转手柄的变换图标是组成一个圆形的四个箭头。

宽度：调整渐变的宽度。宽度手柄的变换图标是一个双头箭头。

任务1　图形的旋转——花朵

作品展示

本实例将绘制一个漂亮的星形花，通过该实例的制作，将练习使用编辑图形工具，其最终效果如图2-6所示。

图2-6　星形花效果

任务分析

本实例需要掌握变形工具的使用。

任务实施

步骤 1　新建 Flash 文档，保存影片文件，命名为"绘制星形花"。

步骤 2　绘制一个花瓣。选择线条工具，在"属性"面板中设置笔触为黑色，线宽为 3，按住【Shift】键，绘制一段垂直直线。

步骤 3　用选择工具调整直线为弧形，如图2-7所示。

步骤 4　确定"贴紧至对象"按钮处于按下状态，选择直线工具，连接两个端点，如图 2-8 所示。

步骤 5　再用选择工具调整直线为弧形，如图2-9所示。

图2-7　调整直线为弧线　　　图2-8　绘制调整直线为弧线　　　图2-9　再次调整直线为弧线

步骤 6　再选择线条工具，从顶点向下画一小段直线，如图 2-10 所示，并用选择工具将其调整为弧形。

  步骤 7 设置【填充颜色】为粉红色，选择颜料桶工具，为花瓣填充颜色，如图 2-11 所示。

  步骤 8 用选择工具双击花瓣选中它。再选择任意变形工具，拖动变形中心点，移动到花瓣下端中心位置，如图 2-12 所示。

图 2-10 绘制一小段直线 图 2-11 为花瓣填充颜色 图 2-12 调整变形中心点 图 2-13 变形面板

  步骤 9 执行"窗口"→"变形"命令，或按【Ctrl+T】组合键，弹出"变形"面板，在"旋转"文本框输入"40"，如图 2-13 所示，并连续按"复制并应用变形"按钮 8 次，效果如图 2-14 所示。

  步骤 10 再用选择工具删除多余的线条，如图 2-15 所示，并将右边花瓣的左边线选中，如图 2-16。选择任意变形工具，将其变形中心点拖至下方，如图 2-17 所示。用"变形"面板旋转-40 度，具体参数设置如图 2-18 所示，单击"复制并应用变形"按钮，完成作品。

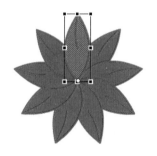 

图 2-14 将一个花瓣旋转复制 8 次 图 2-15 删除多余的线条

图 2-16 选中线条 图 2-17 移动变形中心点 图 2-18 "变形"面板参数设置

 **任务经验**

本实例在绘制过程中，需要对中心点的位置进行设置。

任务2　图形对齐——齿轮

 **作品展示**

本实例制作一个齿轮，通过该实例的操作，我们将练习使用图形的对齐工具，其最终效果如图 2-19 所示。

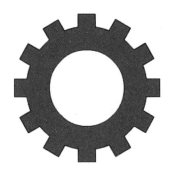

图 2-19　齿轮效果

 任务分析

Flash 中的对齐工具可能是很多新手不太注意的地方，其实这个工具是相当实用的，使用好了，可以节省很多时间，大大提高工作效率，它在使用上相当简单。这里就和大家分享一下 Flash CS6 对齐工具的使用方法。

 任务实施

步骤 1　在场景中的任意位置创建一个圆，不填充颜色，如图 2-20 所示。

步骤 2　按【Ctrl+K】快捷键调出"对齐"面板，确认选中"与舞台对齐"复选框。分别单击"水平居中""垂直居中"选项，如图 2-21 所示。

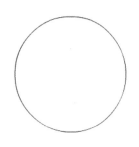

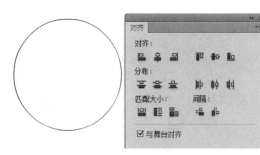

图 2-20　创建圆　　　　　　　　　　　　　　　図 2-21　"对齐"面板设置

步骤 3 在舞台中任意位置画一条直线，直线目测大于圆的直径就好，最好不要和圆形交叉，不然会增加麻烦，如图 2-22 所示。

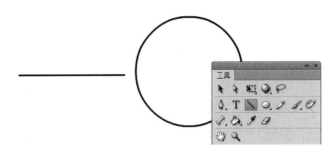

图 2-22 绘制直线

步骤 4 选中第 3 步中的直线，先按【Ctrl+C】快捷键复制直线，再按【Ctrl+Shift+V】快捷键原地粘贴，此时直线为选中状态（不要单击舞台的任何区域），选择变换工具，对选中的直线进行 90 度旋转操作，使之成为"十"字形，如图 2-23 所示。

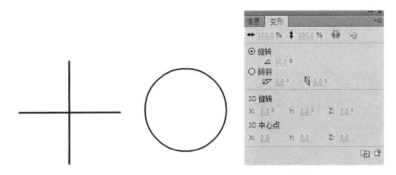

图 2-23 复制直线并进行 90 度旋转

步骤 5 双击"十"字交叉线，在"对齐"面板中单击相对于舞台"水平垂直居中"按钮。在舞台中的任意位置创建一个矩形，最好不要和其他线交叉，双击选中矩形，如图 2-24 所示。

步骤 6 使用相对于舞台"垂直居中"按钮，使矩形和其他图形垂直居中，并使用方向键进行微调，使之位于一个合适的位置，如图 2-25 所示。

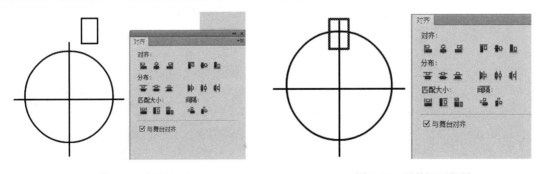

图 2-24 创新矩形　　　　　　　图 2-25 调整矩形位置

步骤 7 按【V】键使用选择工具，选中矩形，选择变形工具，将变形的中心点移到"十"字的中心（此时，中心点到"十"字中心的位置会自动粘贴到中心，所以很方便），效果如图 2-26 所示。

步骤 8 按【Ctrl+T】快捷键调出"变形"面板，将旋转的度数设为 30°（这个可以根据设计的要求设定，它决定齿的多少），如图 2-27 所示。

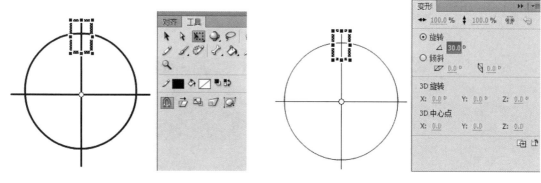

图 2-26 移动变形中心点 　　　　　　　　图 2-27 设置旋转角度

步骤 9 按下下方的复制按钮，可以看到，矩形以 30 度的角度，并以十字的中心为中心，旋转复制出了一个矩形，如图 2-28 所示。

步骤 10 连续单击复制变形按钮，形成下面的图形，效果如图 2-29 所示。

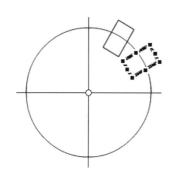 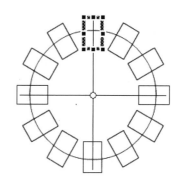

图 2-28 旋转复制一个矩形 　　　　　　图 2-29 连续复制变形矩形

步骤 11 使用选择工具，删除不要的线条，如图 2-30 所示。在舞台的任意位置创建一个圆，直径小一些，如图 2-31 所示。

步骤 12 选择这个圆，使用对齐工具，使水平垂直居中于舞台。

步骤 13 齿轮绘制完成，效果如图 2-32 所示。

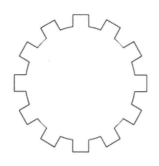 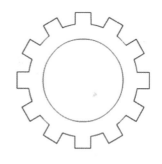 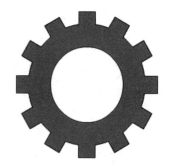

图 2-30 删除不要的线条 　　　　图 2-31 创建小圆 　　　　图 2-32 齿轮完成效果

任务经验

Flash 在制作类似图形的时候，有比较强大的优势，个人觉得做起来很简单。其中只用到了旋转复制和对齐工具，所以在使用上要结合自己的需要灵活使用。

任务 3 图形变形——箭头

 **作品展示**

本任务以箭头为例，对图形进行任意变形，如图 2-33 所示。

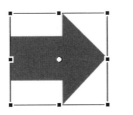 

图 2-33 箭头

 **任务分析**

"任意变形工具"用于对图形进行旋转、缩放、扭曲及封套造型的编辑。选取该工具后，需要在"工具"面板的属性选项区域中选择需要的变形方式，如图 2-34 所示。

图 2-34 变形方式

任务实施

步骤 1 绘制一个箭头，使用任意变形工具，如图 2-35 所示。

步骤 2 将光标移动到所选图形边角上的黑色小方块上，按住并拖动鼠标，即可对选取的图形进行旋转。移动光标到所选图形的中心，对白色的图形中心点进行位置移动，可以改变图形在旋转时的轴心位置。如图 2-36。

  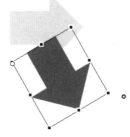 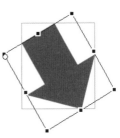

图 2-35 任意变形工具 图 2-36 改变轴心位置

步骤 3 移动光标到所选图形边缘的黑色小方块上。可以对图形进行水平或垂直方向上的倾斜变形，如图 2-37 所示。

步骤 4 按下"选项"面板中的"缩放"按钮，可以对选取的图形作水平方向、垂直方向或等比的大小缩放，如图 2-38～图 2-40 所示。

 ## 水平缩放

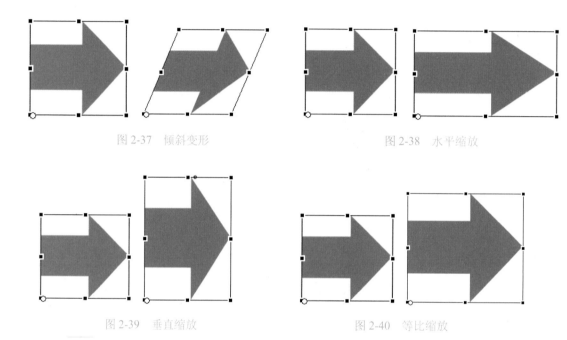

图 2-37　倾斜变形　　　　　　　　　　　图 2-38　水平缩放

图 2-39　垂直缩放　　　　　　　　　　　图 2-40　等比缩放

步骤 5 按下"选项"面板中的"扭曲"按钮，移动光标到所选图形边角的黑色方块上，可以对绘制的图形进行扭曲变形，如图 2-41 所示。

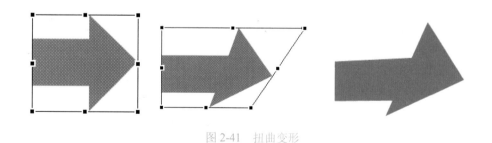

图 2-41　扭曲变形

步骤 6 按下"选项"面板中的"封套"按钮，可以在所选图形的边框上设置封套节点，用鼠标拖动这些封套节点及其控制点，可以很方便地对图形进行造型，如图 2-42 所示。

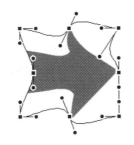

图 2-42 图形造型

 任务经验

在工具箱的选项区中，当选择了任意变形工具时，会有 4 个功能供选择，分别是："旋转与倾斜"、"缩放"、"扭曲"和"封套"功能。

 思考与探索

思考：

1．调出"旋转"面板的快捷键是什么？

2．调出"对齐"面板的快捷键是什么？

3．在对图片进行编辑时，如果想实现等比例缩放需要如何操作？

4．Flash 中位图与矢量图的区别是什么？

探索：

1．根据所学内容，绘制一幅"城市夜景"，如图 2-43 所示。

图 2-43 "城市夜景"效果

2. 使用 Flash 中的旋转、变形等工具绘制一把"扇子"，如图 2-44 所示。

图 2-44　"扇子"效果

本章小结

　　本章是 Flash 软件教学中的基础内容之一，通过丰富典型的任务范例讲授了 Flash 动画常用的图形编辑工具，其中涉及图形旋转、图形对齐、任意变形、位图在 Flash 中的应用等。虽然制作方法简单，但要想完全掌握这部分内容还需要多多练习。

Flash 元件和库

项目导读

元件是在 Flash 中创建并保存在库中的图形、按钮或影片剪辑。元件可以在当前 Flash 文档或其他 Flash 文档中重复使用，是 Flash 动画中的基本元素。在 Flash 动画制作过程中，通常先根据影片内容制作要使用的元件，然后在舞台中将元件实例化，并对实例进行适当的组织、修改，完成动画。合理使用元件能够提高 Flash 动画的制作效率。除了存放元件外，库里面还保存导入到文件中的位图、声音和视频，利用"库"面板可以对这些素材进行组织和管理。

学会什么

① 元件的类型
② 创建和使用元件
③ 库的认识和使用

项目展示

范例分析

本章共有 5 个任务，分别创建补间类型的元件，运用元件形成简单的动画效果。

任务 1 如图 3-1 所示，利用图形元件制作彩色氢气球的画面效果，帮助读者深入了解图形元件的概念，并熟练掌握创建和使用图形元件的方法。

任务 2 如图 3-2 所示，利用影片剪辑元件制作星空的画面效果，帮助读者深入了解影片剪辑元件的概念，并熟练掌握创建和使用影片剪辑元件的方法。

任务 3 如图 3-3 所示，利用按钮元件制作开始按钮的动画效果，帮助读者深入了解按钮元件的概念，并熟练掌握创建和使用按钮元件的方法。

任务 4 如图 3-4 所示，利用各种不同类型的元件制作纸帆船动画效果，使读者结合绘图工具制造漂亮的元件，综合使用各种类型的元件。

任务 5 如图 3-5 所示，本例是对按钮元件的深入了解和综合运用，通过本例使读者使用按钮元件制作出巧妙的动画效果。

图 3-1　彩色氢气球效果图

图 3-2　星空效果图

弹起状态

指针经过状态

按下状态

图 3-3　按钮变化效果图

图 3-4　纸帆船动画效果图

图 3-5　落花的效果图

 **学习重点**

本项目重点掌握图形元件、影片剪辑元件和按钮元件的创建和使用。熟悉库的概念和调用。

储备新知识

1．元件的概念

元件是指在 Flash 中创建且保存在库中的图形、按钮或影片剪辑，可以自始至终在影片或其他影片中重复使用，是 Flash 动画中最基本的元素。

影片剪辑元件可以理解为电影中的小电影，可以完全独立于主场景时间轴并且可以重复播放。

　　按钮元件实际上是一个只有 4 帧的影片剪辑，但它的时间轴不能播放，只是根据鼠标指针的动作做出简单的响应，并转到相应的帧。通过给舞台上的按钮实例添加动作语句而实现 Flash 影片强大的交互性。

　　图形元件是可以重复使用的静态图像，或连接到主影片时间轴上的可重复播放的动画片段。图形元件与影片的时间轴同步运行。

　　2. 相同点

　　几种元件的相同点是都可以重复使用，且当需要对重复使用的元素进行修改时，只需编辑元件，而不必对所有该元件的实例一一进行修改，Flash 会根据修改的内容对所有该元件的实例进行更新。

　　3. 三种元件的区别，及其在应用中需注意的问题

　　（1）影片剪辑元件、按钮元件和图形元件最主要的区别在于影片剪辑元件和按钮元件的实例上都可以加入动作语句，图形元件的实例上则不能；影片剪辑元件的关键帧上可以加入动作语句，按钮元件和图形元件则不能。

　　（2）影片剪辑元件和按钮元件中都可以加入声音，图形元件则不能。

　　（3）影片剪辑元件的播放不受场景时间线长度的制约，它有元件自身独立的时间线；按钮元件独特的 4 帧时间线并不自动播放，而只是响应鼠标事件；图形元件的播放完全受制于场景时间线。

　　（4）影片剪辑元件在场景中按回车键测试时看不到实际播放效果，只能在各自的编辑环境中观看效果，而图形元件在场景中即可适时观看，可以实现所见即所得的效果。

　　（5）3 种元件在舞台上的实例都可以在"属性"面板中相互改变其行为，也可以相互交换实例。

　　（6）影片剪辑中可以嵌套另一个影片剪辑，图形元件中也可以嵌套另一个图形元件，但是按钮元件中不能嵌套另一个按钮元件；三种元件可以相互嵌套。

　　4. 库

　　库是 Flash 中存放和管理元件的场所。

　　Flash 中的库有两种类型：一种是 Flash 自身所带的公共库，此类库可以提供给任何 Flash 文档使用；另一种是在建立元件或导入对象时形成的库，此类库仅可以被当前文档或同时打开的文档调用，该类库会随创建它的文档打开而打开，随文档关闭而关闭。

　　使用库可以减少动画制作中的重复制作并且可以减小文件的体积，在 Flash 制作过程中，应有调用库的意识，养成使用"库面"板的习惯。

任务1 图形元件的创建和使用——彩色氢气球

作品展示

彩色氢气球效果如图 3-6 所示。

图 3-6 彩色氢气球效果图

任务分析

本例主要掌握图形元件的创建和使用。导入素材把位图修改为矢量图形，从库中调用图形元件，修改图形元件的颜色和大小，把彩色氢气球分布在天空背景上。

 ## 任务实施

步骤 1 选择"文件"→"新建"菜单命令，新建一个 Flash 文档。设置宽和高为 500 像素×400 像素，如图 3-7 所示。

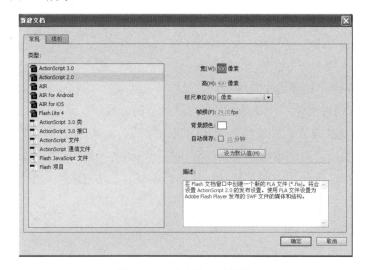

图 3-7 新建文档参数设置

步骤 2 选择"插入"→"新建元件"菜单命令，创建类型为"图形"，名称为"氢气球"的图形元件，如图 3-8 所示。

步骤 3 使用绘图工具在元件的编辑场景中绘制图形元件，如图 3-9 所示。

步骤 4 返回主场景，导入背景图片到舞台，选择"修改"→"位图"→"转换位图为矢量图"菜单命令，把位图转换为矢量图形。调整图形大小为宽 500，高 400。

图 3-8　创建图形元件　　　　　　　　　　图 3-9　绘制图形元件

步骤 5 把库中的"氢气球"元件拖入到主场景中，调整属性面板中的"色彩效果"改变气球的颜色，如图 3-10 所示，拖入不同颜色的"氢气球"元件到天空背景上，效果如图 3-11 所示。

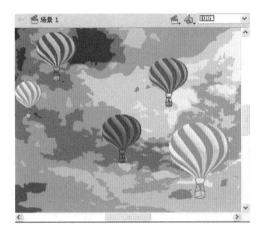

图 3-10　设置"色彩效果"选项　　　　　　图 3-11　图形元件效果图

 任务经验

当制作好元件以后，制作好的元件将自动出现在"库"面板中，再次使用时，直接将其拖入舞台中即可。在"属性"面板的"色彩效果"选项中还可以调整图形的亮度、透明度等属性。

任务2 影片剪辑元件的创建和使用——星空

作品展示

星空效果如图 3-12 所示。

图 3-12 星空效果图

任务分析

本例主要掌握影片剪辑元件的创建和使用。使用绘图工具绘制五角星形，利用"补间动画"制作星星闪烁的影片剪辑元件。把"星星"影片剪辑元件分布在夜空背景上。

任务实施

步骤 1 选择"文件"→"新建"菜单命令，新建一个 Flash 文档。设置宽和高为 500 像素×400 像素。

步骤 2 选择"插入"→"新建元件"菜单命令，创建类型为"影片剪辑"，名称为"星星"的影片剪辑元件，如图 3-13 所示。

步骤 3 使用绘图工具在元件的编辑场景中绘制图形元件，如图 3-14 所示。

图 3-13 创建影片剪辑元件

图 3-14 绘制星星图形元件

步骤 4 右击"图层 1"中的第 25 帧，在弹出的快捷菜单中选择"插入关键帧"命令，选中第 25 帧中的图形，对图形中的星星大小稍作调整。再右击"图层 1"中的第 50 帧，在弹出的快捷菜单中选择"插入关键帧"命令，选中第 50 帧中的图形，对图形中的星星大小稍作

调整。如图 3-15 所示。

　　步骤 5　选择"插入"→"新建元件"菜单命令，创建类型为图形名称为"夜空"的"图形"，元件。返回主场景，拖入"夜空"图形元件到舞台，调整图形元件的大小，宽 500，高 400。

　　步骤 6　把库中的"星星"影片剪辑元件拖入到主场景中，拖入"星星"影片剪辑元件到夜空背景上，效果如图 3-16 所示。

图 3-15　绘制星星影片剪辑时间轴　　　　　　　图 3-16　影片剪辑元件效果图

 任务经验

　　在影片剪辑元件的"属性"面板中除了可以调整影片的"色彩效果"处，还可以通过"滤镜"调整影片剪辑元件的各种效果。同学们可以自己动手试一试呀！

任务 3　按钮元件的创建和使用——开始按钮

作品展示

　　开始按钮变化效果如图 3-17 所示。

弹起状态　　　　　　指针经过状态　　　　　　按下状态

图 3-17　按钮变化效果图

 **任务分析**

　　按钮元件包括弹起、指针经过、按下、点击 4 个帧的时间轴，前三帧表示按钮的 3 种响应状态，第 4 帧定义按钮的活动区域。影片播放时，按钮的时间轴不播放，按钮时间轴只根据鼠标指针的动作做出响应，并执行相应的动作。通常在 ActionScript 中为按钮添加动作，对

Flash 影片实现交互控制。

 **任务实施**

步骤 1 选择"文件"→"新建"菜单命令，新建一个 Flash 文档。设置宽和高为 500 像素×400 像素。

步骤 2 选择"插入"→"新建元件"菜单命令，创建类型为"影片剪辑"，名称为"开始按钮"的按钮元件，如图 3-18 所示。

步骤 3 在"开始按钮"元件"图层 1"的弹起帧中使用矩形工具绘制一个渐变的矩形，使用文字工具输入红色"开始文字"，制作按钮弹起状态。

步骤 4 在指针经过帧插入关键帧，将红色字修改为黄色。在按下帧插入关键帧，修改矩形渐变效果，设置指针经过按钮及按下按钮时的响应效果，如图 3-19 所示。

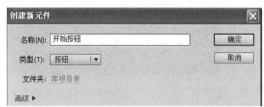

图 3-18　创建按钮元件　　　　　　　图 3-19　"开始"按钮时间轴及效果

步骤 5 单击舞台左上角"场景 1"按钮，切换回场景舞台。将"库"面板的"开始按钮"元件拖动到"图层 1"第 1 帧舞台上，创建按钮实例。

步骤 6 测试影片，查看按钮响应鼠标动作效果。

 **任务经验**

按钮元件的点击帧用来定义响应指针经过、按下动作的区域，一般按钮的点击帧的内容为空或与前三帧内容一致，使按钮的响应区域与可见的按钮形状一致。也可以利用点击帧中的内容在发布的 SWF 文件中不显示的特点，只在点击帧中绘制图形来制作透明按钮。

任务 4　元件的使用——纸帆船

 **作品展示**

纸帆船动画变化效果如图 3-20 所示。

 **任务分析**

本例将运用导入素材、修改元件名称和调用其他文档中的元件等方法，综合应用前面所学的知识，制作一个名为"纸帆船"的动画文档。

图 3-20 纸帆船动画效果图

 **任务实施**

步骤 1 选择"文件"→"新建"菜单命令,新建一个 Flash 文档。设置宽和高为 500 像素×400 像素。

步骤 2 选择"文件"→"打开"命令,弹出"打开"对话框,在"查找范围"下拉列表中选择保存文件的位置,在弹出的列表框中选中"纸帆船素材.fla"动画文档,如图 3-21 所示。

图 3-21 在"打开"对话框中选择要打开的动画文档

步骤 3 单击"打开"按钮,将选中的动画文档打开。

步骤 4 在"库"面板的下拉列表框中选择"纸帆船素材.fla"选项,如图 3-22 所示。

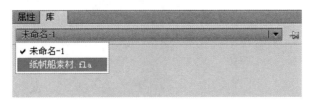

图 3-22 在"库"面板中选择要打开的动画文档

步骤 5 在弹出的面板的列表框中选择"背景"图形元件,并将其拖入到舞台中。弹出"对齐"面板,选中"与舞台对齐"复选框,然后依次单击"垂直中齐"按钮和"水平居中分布"按钮,使拖入舞台的元件在舞台中居中对齐,如图 3-23 所示。

图 3-23　使元件在舞台中居中对齐

步骤 6　用同样的方法把"纸帆船素材.fla"中的其他元件分布拖入到各个图层中，分别调整元件的大小，使其适合文档的大小，如图 3-24 所示。

图 3-24　把元件拖入各图层中

步骤 7　元件分布在各图层的上下顺序如图 3-25 所示。

步骤 8　按【Ctrl+Enter】快捷键浏览动画效果，如果效果不满意再对元件位置进行修改直到满意为止，动画效果如图 3-26 所示。

图 3-25　各图层顺序　　　　图 3-26　纸帆船动画效果

任务经验

Flash 中的"库"面板主要用来存放从外部导入的素材和管理创建的元件，当用户在制作动画文档时，如需要某个素材或元件时，可直接从"库"面板中将其拖动到相应的位置。

任务5　元件和库的综合运用——落花

作品展示

落花动画效果如图所示 3-27 所示。

图 3-27　落花的效果图

任务分析

本例为比较综合的实例，对于初学者来说有一定困难。主要掌握打开的两个文件中库的元件可以调用的知识点，并且要求能灵活使用按钮元件。

任务实施

步骤 1　选择"文件"→"新建"菜单命令，新建一个 Flash 文档。设置宽和高为 500 像素×400 像素。

步骤 2　打开素材中的"花朵飘落.fla"文件，复制库中的影片剪辑元件"花朵飘落"到当前库中。

步骤 3　新建一个影片剪辑元件，命名为"三朵花"，进入元件编辑状态，将"花朵飘落"元件拖动到"图层 1"第 1 帧中，在第 100 帧插入帧，使"花朵飘落"元件实例能在"三朵花"元件中播放完毕，如图 3-28 所示。

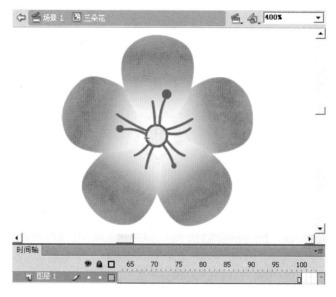

图3-28　在"三朵花"元件中加入"花朵飘落"动画

步骤4　在"三朵花"元件中选择"图层1"的第1～100帧，执行"复制帧"命令。新建"图层2"，选择"图层2"的第30帧，执行"粘贴帧"命令，将"图层1"动画复制到"图层2"中。新建"图层3"，选择"图层3"的第60帧，执行"粘贴帧"命令，将"图层1"的动画复制到"图层3"中。

步骤5　分别选择"图层2"的第30帧及"图层3"的第60帧，使用任意变形工具将这两个图层的"花朵飘落"元件实例缩小，如图3-29所示。

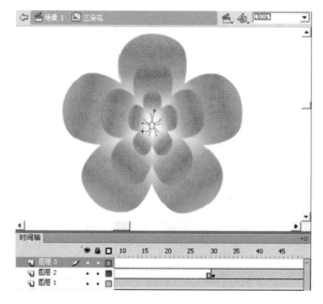

图3-29　制作"三朵花"影片剪辑元件

步骤6　新建一个按钮元件，命名为"落花按钮"。进入"落花按钮"元件编辑状态，在指针经过帧插入关键帧，将"三朵花"元件拖动到指针经过帧。

步骤7　在按下帧插入帧。在点击帧插入空白关键帧，使用矩形工具绘制一个宽100、高

100 的正方形，设置正方形位置，X 为-50，Y 为-50，如图 3-30 所示。

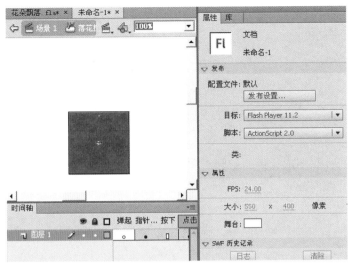

图 3-30 制作"落花按钮"元件

步骤 8 单击"场景 1"按钮，切换回"场景 1"舞台，将"落花按钮"元件拖动到"图层 1"的第 1 帧，放置到舞台左上角。将"落花按钮"元件实例复制多个，平铺放置到舞台上。导入素材背景图片，把图片放入"图层 2"中，把图层 2 拖入"图层 1"下方，如图 3-31 所示。

步骤 9 保存文件并测试动画，当鼠标在舞台上移动时，花朵从光标位置向下旋转飘落，动画效果如图 3-32 所示。

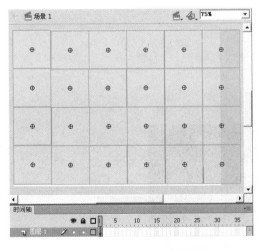

图 3-31 将"落花按钮"铺满舞台

图 3-32 落花动画效果

 任务经验

本实例实现了按钮元件、影片剪辑元件和库的综合使用，按钮的图形越小，在场景中铺的越多效果越明显。

思考与探索

思考：

1．元件的类型有哪些？

2．影片剪辑元件和图形元件的相同点和不同点有哪些？

3．库的类型有哪两种？

探索：

1．根据所给的素材制作动画"氢气球飞"，完成氢气球向上飞，当鼠标放在氢气球上时，氢气球停止的效果。

图 3-33　"氢气球飞"效果

2．使用按钮元件完成"涟漪"动画

图 3-34　"涟漪"动画效果

本章小结

　　本章介绍了 Flash 元件和实例的基本概念、元件类型和创建、编辑方法以及"库"面板的管理和使用方法。在制作 Flash 作品时，通常根据作品需要，先制作各种元件，再利用元件完成作品。

Flash 时间轴和动画

项目导读

　　Flash 的动画功能，包括时间轴和帧的使用、补间动画、逐帧动画、三维动画、骨骼动画的制作，虽然方法简单，却是 Flash 动画的精髓。其中三维动画和骨骼动画是软件新增的功能，为动画的制作提供了更多的手段和技巧。熟练掌握本章提供的案例有助于提高创作能力。

学会什么

　①　认识时间轴、帧、层。
　②　制作补间动画、形状补间动画、逐帧动画。
　③　Flash 新增的三维动画、骨骼动画功能。

项目展示

 范例分析

　　本章共有 7 个任务，分别在时间轴上编辑使用不同类型的动画功能，实现角色的动画效果。

　　任务 1 如图 4-1 所示，运用补间动画制作一个足球掉在地上、跳跃前进的路径动画，以便深入了解和掌握路径动画和变速运动的制作方法。

　　任务 2 如图 4-2 所示，用不同图层中的不同元件产生的动、静结合的动画效果，深入了解和掌握图层顺序和分图层对动画制作的重要性。

　　任务 3 如图 4-3 所示，用逐帧动画制作出了倒计时数字的不断变化效果，帮助读者了解逐帧动画的变形效果和插帧方法。

任务 4 如图 4-4 所示，制作圆形变成方形再变成三角形的全过程，帮助读者深入了解形状补间动画的概念，并熟练掌握形状补间动画的制作方法和技巧。

任务 5 如图 4-5 所示，利用形状补间的提示功能制作花苞变荷花的动画，以便了解和掌握形状补间提示功能的使用方法并规划形状补间的优美动态。

任务 6 如图 4-6 所示，利用骨骼工具制作较为复杂的皮影戏人物动作，以便了解和掌握骨骼工具在制作人物和动物复杂动态变化的重要作用和方便之处。

任务 7 如图 4-7 所示，利用 3D 变化工具制作出了惟妙惟肖的三维空间效果，以便使读者学习到"3D 旋转工具"和"3D 平移工具"的用法和掌握 X、Y、Z 坐标的设置方法。

图 4-1 足球的弹跳

图 4-2 月光下的船

图 4-3 倒计时动画

图 4-4 圆变方再变三角动画

图 4-5 怒放荷花

图 4-6 皮影戏

图 4-7 旋转魔方

学习重点

本项目重点了解时间轴相关知识，学习传统补间动画、形状补间动画、逐帧动画等类型的动画制作方法，掌握 Flash 软件的新增新技巧：三维动画和骨骼动画的制作。

储备新知识

时间轴

"时间轴"面板如图 4-8 所示，面板由图层和时间轴组成，用于组织和控制影片内容在一定时间内播放的图层数和帧数。

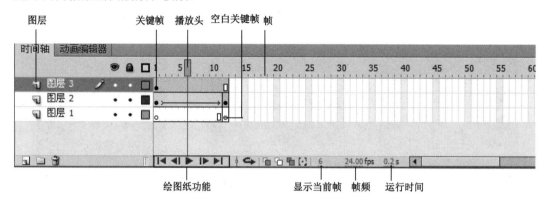

图 4-8　"时间轴"面板

1. 帧

动画是由一系列的静止画面按一定的顺序排列而成的，这些静止的画面称为帧。当帧以一定的顺序连续播放时，由于视觉上的暂留现象，就产生了连续动态的效果。一个帧可以包含一个对象、许多对象或者不包括任何对象。

帧是 Flash 中最小的单位的单幅影响画面，相当于电影胶片上的每一格镜头。在时间轴上需要插入帧的地方按下【F5】快捷键，或者右击，在弹出的快捷菜单中选择"插入帧"即可插入帧。

在时间轴上，帧包括"关键帧"和"空白关键帧"两种表现形式。

● "关键帧"指呈现关键性动作或内容变化的帧，在时间轴上以实心原点表示，在时间轴上需要插入关键帧的地方，按下【F6】快捷键，或者右击，在弹出快捷的菜单中选择"插入关键帧"，即可插入关键帧。

● "空白关键帧"是特殊的关键帧，该帧上没有任何对象，一般新建的图层第一帧都是空白关键帧，一旦在这一帧上绘制图形，这个空白帧就变成关键帧了。空白关键帧在时间轴上以空心圆点表示。在时间轴中需要加入空白关键帧的地方按下【F7】键，或者右击，在弹出的菜单中选择"插入空白关键帧"，即可插入空白关键帧。

2. 帧频

帧频就是 Flash 播放的速度。其实动画是由很多张图片连播产生的，例如，一个动作，如果用 12 帧频来播放就是把这一个动作分解为 12 个动作；如果用 30 帧频来播放一个动作就会分解为 30 个动作。一般默认的是 12 帧频或者 24 帧频，也就是说 1 秒钟 Flash 会从第 1 帧播放到第 2 帧或 24 帧。

一般动画都是 12 帧/秒，中国电视一般是 25 帧/秒，高清电影规格都是 30 帧/秒。

修改帧频的方法一般可以通过属性栏修改或者直接在时间轴上进行修改，如图 4-9 和图 4-10 所示。

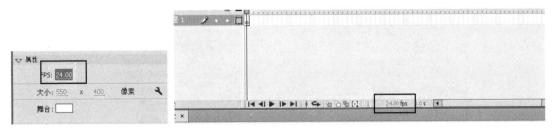

图 4-9　通过属性栏修改帧频　　　　　　　图 4-10　直接在时间轴上修改帧频

3. 图层

（1）图层的含义

图层区位于时间轴左侧，用于图层操作，如图 4-11 所示。当场景中有很多对象，又需要将其按一定的顺序放置时，应将它们放置在不同的图层中，然后分别在图层中设置每一组动画的时间顺序。图层类似于前景、背景，就像相互堆叠在一起的透明纤维纸，当上一个图层上没有任何对象的时候，可以透过上边的图层看到下边的图层。

（2）图层的基本操作

① 添加图层。添加图层的方法是执行"插入"→"时间轴"→"图层"菜单命令，如图 4-12 所示，或者在"时间轴"面板上，单击"插入图层"按钮，如图 4-13 所示，这样就会在事先选定的图层上方出现新建的图层。

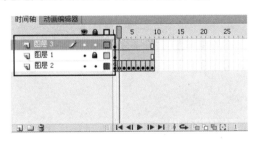

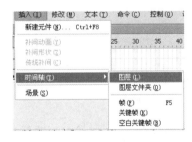

图 4-11　时间轴中图层的位置　　　　　　　图 4-12　利用菜单添加图层

② 重命名图层。图层重命名的方法很简单，只要在你想要命名的图层名称上双击就可以重命名这个图层了，如图 4-14 所示。

图 4-13　利用时间轴上"插入图层"按钮添加图层　　　图 4-14　重命名图层

③ 复制图层。复制图层可以节省大量时间，与 Flash 中的元素、帧一样，图层也可以复制，选中需要复制的图层，然后右击，在弹出的快捷菜单中选择"拷贝图层"命令，然后右击目标图层，选择"粘贴图层"命令即可，如图 4-15 和图 4-16 所示。

图 4-15　拷贝图层　　　　　　　　图 4-16　粘贴图层

④ 改变图层顺序。图层是有顺序的，上层的内容会遮盖下层的内容，下层内容只能通过上层透明的部分显示出来，因此，常常需要重新调整层的排列顺序。要改变它们的顺序非常简单，用鼠标选中某一图层，然后向上或向下拖动到合适的位置就可以了，如图 4-17 所示。

⑤ 删除图层。当遇到不需要的图层时，可以在"时间轴"面板上，单击删除图层按钮，这样就会将事先选定的图层删除了，如图 4-18 所示。

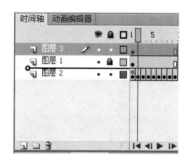

图 4-17　移动图层　　　　　　　　图 4-18　删除图层

（3）图层的状态

① 　：表明此图层处于活动状态．是当前正在编辑的图层，可以对该层进行各种操作，如图 4-19 所示。

② 　：图层默认的状态是显示活动的状态。"✕"表明此图层处于隐藏状态，即在编辑区是看不见的，同时，处于隐藏状态的图层不能进行任何修改。要使某一图层处于隐藏状态，应先选中该图层，然后用鼠标单击"　"图标下方的小黑点，使其变为"✕"状态。如果要将所有的图层全部隐藏，那么直接单击"　"图标就可以了，如图 4-20 所示。

③ 　：表明此图层处于锁定状态，被锁定的图层无法进行任何操作。在 Flash 动画制作中，要特别注意，凡是完成一个图层的制作就应该立刻把它锁定，以免误操作带来麻烦。要使某一图层处于锁定状态，应先选中该图层，然后用鼠标单击"　"图标下方的小黑点，使其变为锁定状态。如果要将所有的图层全部锁定，那么直接单击"　"图标就可以了，如图 4-21 所示。

④ ▢：表明此图层处于外框显示模式。要使某一图层处于外框显示模式，应先选中该图层，然后用鼠标单击方块图标"▢"下方的小方块，使其变为"▢"状态。如果要将所有的图层以外框模式显示，那么直接单击方块图标"▢"就可以了，如图 4-22 所示。处于外框模式的图层，图层的所有图形只能显示轮廓，如图 4-23 和图 4-24 所示。

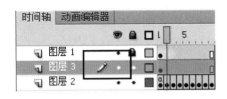

图 4-19　可操作图层

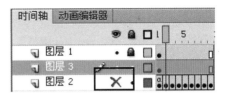

图 4-20　隐藏图层

图 4-21　锁定图层

图 4-22　轮廓显示图层

图 4-23　实际对象

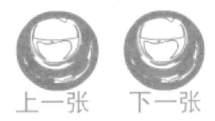

图 4-24　轮廓图层显示的对象

4．绘图纸功能

在动画片的制作过程中，用户可以通过时间轴上的"绘图纸"功能辅助进行动画绘制和编辑，从而制作出更加连贯、流畅的动画效果。按下时间轴下边的"绘图纸"系列按钮，就可以选择多种显示方式查看邻近帧之间的位置和动画效果，如图 4-25 所示。

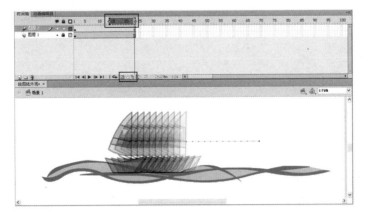

图 4-25　绘图纸外观效果

动画

补间动画就是在两个对象内容的关键帧之间建立动画关系后，将自动在两个关键帧之间补充动画图形来显示变化，从而发生连续变化的动画效果。补间动画提高了动画制作的效率，同时它的局限性也较大，通常只能用于对象的移动、旋转、缩放、属性的变化等动画效果的制作。

1．传统补间

利用传统运动补间来处理动画中的元件、群组或文本框的折线运动、旋转、大小变化、颜色变化等。一个场景中多个对象的同时运动补间需要为每个补间使用一层。不能同时为同一层上的单独对象设置运动补间。但是，用户可以同时在不同层上为它们设置补间。

运动补间至少需要用两个关键帧来标识，这两个关键帧被带有一个黑箭头和浅蓝背景的中间过渡帧分开，如图 4-26 所示。

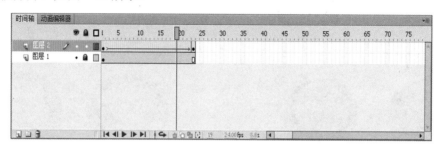

图 4-26　传统运动补间的时间轴

如果过渡帧是虚线，则代表没有正确地完成补间，这经常是由于缺少开始或结束关键帧、补间不正确、对象不是元件等造成的，如图 4-27 所示。

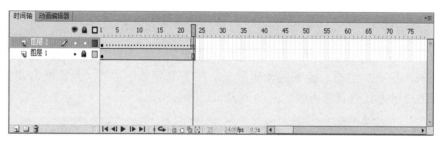

图 4-27　错误补间的时间轴

2．补间动画

补间动画的作用与传统运动补间的作用相同，都是用于创建元件动画，不同的是补间动画可以支持骨骼动画和 3D 动画的创建，并且还可以使用"动画编辑器"面板便捷地对补间动画进行线性调整，如图 4-28 所示。因此，也可以认为补间动画是传统运动补间的升级版本。

3．补间形状

制作补间形状，顾名思义就是让对象产生形状的变化，补间形状是 Flash 中独具特色的一种动画手法。形状到形状之间的变化，文字到文字之间的变化完全由 Flash 自动完成。

　　在"时间轴"面板上动画开始播放的地方创建或选择一个关键帧并设置要开始变形的形状，一般一帧中以一个对象为好；在动画结束处创建或选择一个关键帧并设置要变成的形状。

　　补间形状动画可以在一层中放置多个变形过渡对象，不过为了可以更好地控制变形的效果，用户最好还是为每个动画对象单独设置一层。

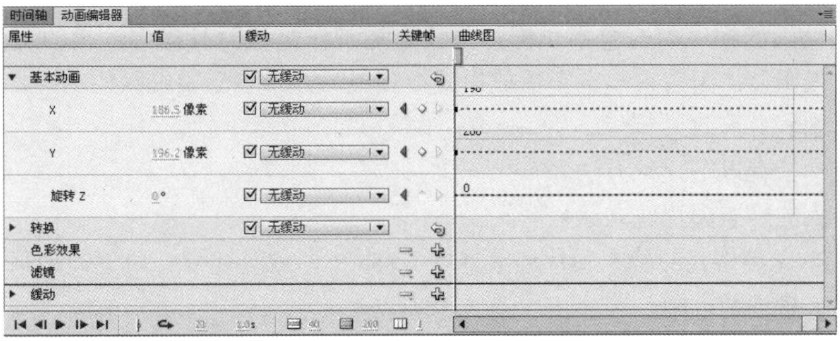

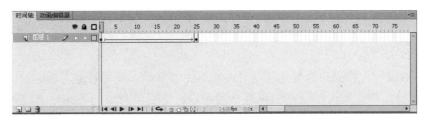

图 4-28　"动画编辑器"面板

　　补间形状动画至少需要用两个关键帧来标识，它们被带有一个黑箭头和浅绿背景的中间过渡帧分开，如图 4-29 所示。

图 4-29　补间形状的时间轴

　　要想制作补间形状动画，在 Flash 中需要满足一个条件，就是补间形状动画的起止对象必须是矢量图，如果对象不符合这一条件，就无法产生形状的渐变。如果对象不符合上述条件，可以执行菜单"修改"→"分离"命令来将对象打散，形成矢量图。该操作的快捷键是【Ctrl+B】，如图 4-30 所示。

Flash **Flash**

图 4-30　组件打散前后

4．逐帧动画

　　逐帧动画是一种常见的动画手法，它的原理是在"连续的关键帧"中分解动画动作，也就是每一帧中的内容不同，连续播放形成动画，如图 4-31 所示。

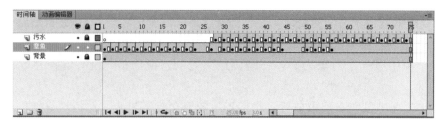

图 4-31　逐帧动画的时间轴

由于逐帧动画的帧序列内容不一样，不仅增加制作负担而且最终输出的文件量也很大，但它的优势也很明显：因为它与电影播放模式很相似，适合表演很细腻的动画，如 3D 效果、人物或动物急剧转身等效果。

创建逐帧动画有以下几种方法。

（1）用导入的静态图片建立逐帧动画。

用 JPG、PNG 等格式的静态图片连续导入 Flash 中，就会建立一段逐帧动画。

（2）绘制矢量逐帧动画。

用鼠标或压感笔在场景中一帧帧地画出帧内容。

（3）文字逐帧动画。

用文字作帧中的元件，实现文字跳跃、旋转等特效。

（4）导入序列图像。

可以导入 GIF 序列图像、SWF 动画文件或者利用第 3 方软件产生的动画序列。

5．骨骼动画

在 Flash 中编辑人物或动物身体运动时，相对比较麻烦，使用骨骼工具 ✐ 制作骨骼动画可以使该操作变得简单。制作时只需创建好骨骼系统，然后将身体的各部分绑定到骨骼上，就能按照骨骼的动力学特点使绑定对象产生逼真的运动效果。

骨骼动画用于为对象创建一个骨骼系统，这里的对象可以是影片剪辑，也可以是矢量图形。

6．三维动画

尽管 Flash 不是一款 3D 制作软件，但是仍为用户提供了一个 X、Y、Z 轴的概念，这样用户就能从原来的 2D 环境拓展到一个有限度的三维空间环境，制作一些简单的 3D 动画效果。

任务 1　补间动画——足球的弹跳

 **作品展示**

足球在地面的弹跳过程效果如图 4-32 所示。

图 4-32 足球弹跳过程

任务分析

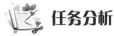

利用现有的足球图片素材，转换图形元件，然后选择"创建补间动画"命令，利用软件自动生成两个关键帧之间的动画过程。需要注意的是 Flash 中运动补间动画需要满足一个条件，就是产生运动补间动画的对象必须是元件，如果不是，Flash 将会自动生成序列元件。

任务实施

步骤 1 执行"文件"→"新建"菜单命令，新建一个 Flash 文档。设置宽和高为 550 像素×400 像素，其他相关参数如图 4-33 所示。

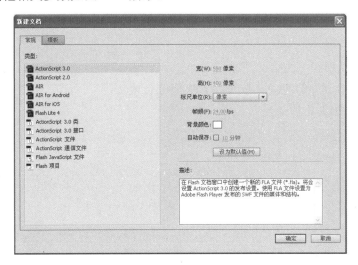

图 4-33 新建文件参数设置

步骤 2 将"素材\项目 4\任务 1\ls 背景.jpg"文件导入到舞台中，再新建图层，将"素材\项目 4\任务 1\足球.png"文件同样导入到舞台中，调整两张素材的位置，如图 4-34 所示。

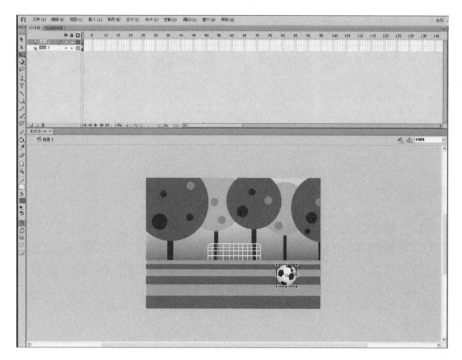

图 4-34　素材摆放的位置

步骤 3　将图像选中后，按【F8】快捷键将图像
转换成一个名称为"元件 1"的"影片剪辑"元件，
如图 4-35 所示。

步骤 4　在"图层 2"的第 1 帧创建补间动画，将
"图层 1"和"图层 2"的时间轴按【F5】快捷键延续
到第 70 帧，"时间轴"面板如图 4-36 所示。

图 4-35　"转换为元件"对话框

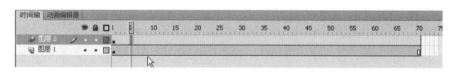

图 4-36　"时间轴"面板

步骤 5　在"图层 2"的第 5、10、15、20、25、30、35 和 40 帧中创建运动补间动画，
调整足球元件的位置和大小，设置完成后的"时间轴"面板如图 4-37 所示。

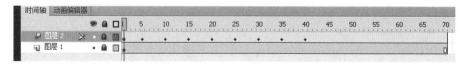

图 4-37　创建完成后的"时间轴"面板

步骤 6　按【Ctrl+Enter】快捷键播放动画，测试动画效果。

 **任务经验**

本实例实现了图像的运动补间动画效果，其中图像的位置、缩放比例、旋转、颜色等属

性可以进行动画设置。

任务2　分层动画——月光下的船

**作品展示**

图像层叠的前后关系清晰，月光下的小船在海面上飘过，鲸鱼在水面上跳跃，月光朦朦胧胧，动画变化效果如图 4-38 所示。

图 4-38　月光下的帆船动画变化效果

**任务分析**

利用之前讲过的"纸船"的绘画效果，调整好图层之间的叠压顺序，使画面动静结合，利用运动补间动画制作出有层次的作品。需要注意的是，在时间轴上，同一图层只能有一个元件进行补间动画，所以此动画画面内容较多，要先分析出哪几组图像是需要做动画的，哪几组图像是静态的，把海浪、鲸鱼和小船之间图层顺序摆放清楚。

任务实施

步骤 1　打开"素材→项目 4→任务 2→纸帆船.fla"文件，在"时间轴"面板上新创建 9 个图层，分别重命名为"背景"、"波浪 1"、"鲸鱼"、"波浪 2"、"纸帆船"、"波浪 3"、"星星"、"云"和"月亮"。然后，分别从"库"面板中把相对应的元件拖曳到相应图层中，如图 4-39 和图 4-40 所示。其中"月亮"元件需要通过"滤镜"面板添加"模糊"效果，如图 4-41 所示。

图 4-39　"时间轴"面板图层顺序

图 4-40　"库"面板中的元件

图 4-41　"月亮"元件添加滤镜效果

　　步骤 2　按快捷键【F5】，将所有图层都延续到第 120 帧，将图层"波浪 1"、"波浪 2"和"波浪 3"添加补间动画，舞台中的位置从右向左移动。"鲸鱼"图层也添加补间动画，在"时间轴"面板中第 10、30、40、50 和 70 帧添加位移，接下来是给"纸帆船"图层添加补间动画，在"时间轴"面板中第 20、40、60 和第 80 添加位移动作，动画整体位置是从舞台右侧跳跃移动到舞台左侧，效果如图 4-42 和图 4-43 所示。

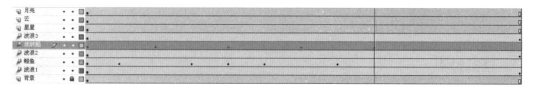

图 4-42　"时间轴"面板中关键帧的位置

图 4-43　舞台中第 120 帧的效果

　　步骤 3　为"月亮"图层添加补间动画，在"时间轴"面板中调整月亮图像的模糊滤镜效果分别为第 20 帧模糊 X、Y 值为 30 像素，第 40 帧模糊 X、Y 值为 10 像素，第 80 帧模糊 X、Y 值为 25 像素和第 100 帧模糊 X、Y 值为 10 像素，效果如图 4-44 所示。

第 20 帧　　　　第 40 帧　　　　第 80 帧

图 4-44　"时间轴"面板中月亮模糊滤镜效果对照

步骤 4　【Ctrl+Enter】快捷键播放动画，测试动画效果。

 任务经验

本实例使学习者了解到每个图层只能摆放一个元件进行补间动画设置，通过对多个图层之间的顺序排列和补间动画之间关系的运用，可以使学习者更好地掌握复杂动画中的动静关系和前后顺序。

任务 3　逐帧动画——倒计时动画

 **作品展示**

倒计时数字逐渐变化的逐帧动画变化效果如图 4-45 所示。

图 4-45　倒计时动画效果

 任务分析

使用绘图工具和文本工具在不同关键帧上绘制出不同的数字效果，时间轴按照顺序进行播放，形成倒计时的动画效果。逐帧动画可以制作相对复杂的动画效果。因为每个动作都要做相应的关键帧变化，所以制作过程比补间动画麻烦很多。

 任务实施

步骤 1　执行"文件"→"新建"菜单命令，新建一个 Flash 文档。设置宽和高为 550 像素×400 像素，其他相关参数如图 4-46 所示。

步骤 2　在"图层 1"中，利用椭圆形工具 ◯ 绘制正圆形边框，参数如图 4-47 所示。选中刚刚绘制好的圆环，按快捷键【F8】将其转换为"影片剪辑"元件，如图 4-48 所示。进入元件中，在第 3 帧按快捷键【F6】插入关键帧，调整圆环颜色为深绿色#006600，如图 4-49 所示。并在第 4 帧按下快捷键【F5】延续动画。在第 1 帧的圆环上方绘制"十"字线，如图 4-50 所示。

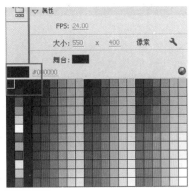

图 4-46　新建文件参数设置

步骤 3　回到场景中，新建"图层 2"，在第 1 帧利用文本工具 T 输入数字"5"，调整文字属性如图 4-51 所示。运用同样的方法，分别在第 5、第 10、第 15 和 20 帧插入关键帧，修改数字分别为"4"、"3"、"2"和"1"，在第 25 帧插入关键帧输入文本"start"，效果如图 4-52 所示。

图 4-47　设置"椭圆形工具"参数　　　　图 4-48　"转换为元件"对话框

图 4-49　调整圆环颜色　　　图 4-50　添加"十"字线　　　图 4-51　"文本"属性

第 25 帧　　　第 1 帧　　　第 5 帧　　　第 10 帧　　　第 15 帧　　　第 20 帧

图 4-52　插入文本效果

步骤 4　在"图层 1"和"图层 2"按快捷键【F5】延续时间轴到第 40 帧，如图 4-53 所示。按【Ctrl+Enter】快捷键播放动画查看效果。

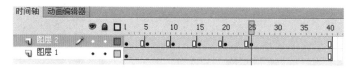

图 4-53　"时间轴"面板

 任务经验

本例实现了逐帧动画的制作过程，要求在每个关键帧中绘制不同的动作，时间轴按顺序进行播放，完成动画效果。这里的逐帧可以是每一帧里有一个关键动作，也可以是一拖二或是一拖三等隔帧插入关键帧，本动画中就是每 5 帧插入 1 个关键帧来完成动画效果。

任务 4　形状补间动画——圆变方再变三角动画

 **作品展示**

从一个圆形变成一个正方形再变成三角形的动画，动画变化效果如图 4-54 所示。

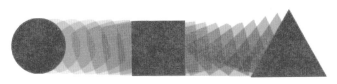

图 4-54　圆变方再变三角动画

 **任务分析**

使用绘图工具分别在 3 个关键帧中画出不同的图形，然后选择"创建补间形状"命令，利用形状渐变功能实现从一个图形到另一个图形的变化。需要注意的是 Flash 补间形状动画需要满足一个条件，就是产生补间形状动画的起止对象必须是矢量图，如果不是，可以将对象打散来实现条件。

 任务实施

步骤 1　执行"文件"→"新建"菜单命令，新建一个 Flash 文档。设置宽、高为 550 像素×400 像素和其他相关参数如图 4-55 所示。

步骤 2　在第 1 帧处画一个无边框的正圆，按住【Shift】键可以画出正圆。位置在场景左侧。圆的属性和在场景中的效果如图 4-56 和图 4-57 所示。

图 4-55　新建文件参数设置

图 4-56　圆的属性

图 4-57　正圆效果

步骤 3 在第 15 帧处按快捷键【F7】插入空白关键帧，在该帧绘制一个正方形，居中于场景，效果如图 4-58 所示。再在第 30 帧插入空白关键帧，利用多角星形工具◎绘制三角形，位置在场景右侧，效果如图 4-59 所示。

图 4-58 正方形效果

图 4-59 三角形效果

步骤 4 在第 1～30 帧之间的时间轴上右击，在弹出的快捷菜单中选择"创建补间形状"命令。这时的时间轴如图 4-60 所示。

步骤 5 按【Ctrl+Enter】快捷键播放动画查看效果。

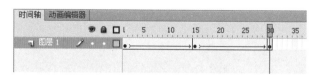
图 4-60 时间轴

 任务经验

本实例实现了规则图形的形状变化，其中要使图形水平对齐于场景，可以使用对齐面板来实现，快捷键为【Ctrl+K】。

任务 5 添加形状提示点动画——怒放荷花

 作品展示

制作花苞开放成荷花的复杂的形状补间动画，动画变化效果如图 4-61 所示。

图 4-61 怒放荷花变形效果

 **任务分析**

使用绘图工具分别在两个关键帧中画出不同的图形，然后选择"创建补间形状"命令，利用形状渐变功能实现从一个图形到另一个图形的变化。需要注意的是，在 Flash 里如果两个关键帧中图形的差别较大，在补间形状变形的运算过程中，就会容易出现错误，变形的中间过程会很难看，因此，在较复杂的形状补间动画中可以通过添加形状提示点的方式，使动画按照制作者的想法进行动画变形。

 任务实施

步骤 1 执行"文件"→"新建"菜单命令，新建一个 Flash 文档。设置宽和高为 550 像素×400 像素，其他相关参数如图 4-62 所示。

步骤 2 在第 1 帧处绘制一个粉色无边框的椭圆，调整其边缘形状如图 4-63 所示。新建"图层 2"放置在花苞图层的下面，利用线条工具绘制绿色花径，参数如图 4-64 所示。

图 4-62 新建文件参数设置　　　图 4-63 花苞形状　　　图 4-64 花径参数

步骤 3 在"图层 2"的第 30 帧按快捷键【F5】插入延续帧，在"图层 1"的第 30 帧按快捷键【F6】插入关键帧，并修改图形如图 4-65 所示。

步骤 4 在第 1～30 帧之间的时间轴上右击，在弹出的快捷菜单中选择"创建补间形状"命令。这时候的时间轴如图 4-66 所示。

图 4-65 荷花开放形状　　　　　　　　　图 4-66 时间轴

步骤 5 执行"图层 1"的第 1 帧，执行"修改"→"形状"→"添加形状提示"命令，为形状补间动画添加提示点，这样就可以在图形上出现一个编号为"a"的红色形状提示点，如图 4-67 所示。在形状补间动画的两个关键帧中，依次将形状提示点拖曳到图形相应的顶点上。当位置正确时，关键帧中的形状提示点将分别变为黄色和绿色，如图 4-68 所示，重复以上命令，依次为花瓣添加相应的形状提示点。

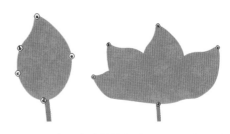

图 4-67　添加形状提示点　　　　　　　　图 4-68　为两个关键帧依次添加形状提示点

步骤 6　按【Ctrl+Enter】快捷键播放动画查看效果。

 任务经验

本实例实现了不规则图形的形状变化，其中为形状补间添加形状提示点可以制作更复杂的变形动画。

任务 6　骨骼动画——皮影戏

 作品展示

利用 Flash 新版本中的骨骼工具制作皮影戏动画，动画变化效果如图 4-69 所示。

图 4-69　皮影戏动画效果

 任务分析

骨骼动画是一种使用骨骼对对象进行动画处理的方式，这些骨骼将父子关系链接成线性或枝状的骨架，也称反向运动。当一个骨骼移动时，与其连接的骨骼也发生相应地移动。本实例使用元件为人物添加骨骼，通过骨骼的调整制作出人物跳舞的动画。

 任务实施

步骤 1　执行"文件"→"新建"菜单命令，新建一个 Flash 文档。设置宽和高为 550 像素×400 像素，其他相关参数如图 4-70 所示。将"素材\项目 4\任务 6"中的皮影人体分解图片导入到库中，如图 4-71 所示。

图 4-70 新建文件参数设置   图 4-71 导入素材文件到库

步骤 2 将"库"面板中的图片素材分别摆放到场景中，将不同的部分分别按快捷键
【F8】转换成"图形"元件，命名为"头"、"身体"、"大臂"、"手"、"大腿"和
"脚"，如图 4-72 所示。

步骤 3 将身体的各部分元件排放在一起，组成一个完整的动作，如图 4-73 所示。

图 4-72 将身体各部分转换成元件   图 4-73 完整人物造型

步骤 4 单击工具箱中的骨骼工具 ✐ 按钮，单击并拖动鼠标，为人物创建骨骼，如图 4-74 所示。使用相同的方法创建其他骨骼，如图 4-75 所示。

步骤 5 "时间轴"面板如图 4-76 所示，在"骨架-4"图层的第 60 帧上右击，在弹出的快捷菜单中选择"插入姿势"命令，如图 4-77 所示。

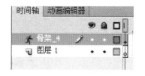

图 4-74 创建骨骼   图 4-75 创建其他骨骼   图 4-76 "时间轴"面板

步骤 6 单击"骨架-4"图层的第 5 帧，拖动骨骼调整实例位置，如图 4-78 所示。按照相同方法每 5 帧调整实例动作，完成动画的全部动作，此时时间轴的效果如图 4-79 所示。

图 4-77　"插入姿势"命令　　图 4-78　调整实例位置　　　　图 4-79　"时间轴"面板效果

步骤 7　执行"图层 1"，将"库"面板中的"担子.png"图片拖曳的场景中，配合人物动画摆放，并转换成元件，效果如图 4-80 所示。按照每 5 帧插入一个关键帧，调整"担子"元件的位置和角度，做成逐帧动画效果。新建图层，利用笔刷工具绘制地面效果，时间轴状态如图 4-81 所示。

图 4-80　"担子"位置　　　　　　　　　图 4-81　时间轴状态

步骤 8　按【Ctrl+Enter】快捷键播放动画查看效果。

 任务经验

本实例实现了利用骨骼工具，制作复杂人物动作的动画，骨骼绑定的位置直接影响到调整动作的品质。

任务 7　三维动画——旋转魔方

作品展示

利用 Flash 新版本中的 3D 变化工具制作出具有立体空间效果的旋转魔方，动画变化效果如图 4-82 所示。

  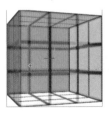

图 4-82　旋转魔方效果

任务分析

本案例通过制作一个旋转魔方，帮助学习者进一步了解如何使用 3D 变化工具，并且学会在 Flash 中进行三维空间动画效果的制作方法。

任务实施

步骤 1 选择"文件"→"新建"菜单命令，新建一个 Flash 文档。设置宽和高为 550 像素×400 像素，其他相关参数如图 4-83 所示。

步骤 2 利用工具箱中的矩形工具绘制魔方的 6 个面，并分别将它们转换成"影片剪辑"元件，并用相应的颜色命名，效果如图 4-84 所示。

图 4-83 新建文件参数设置

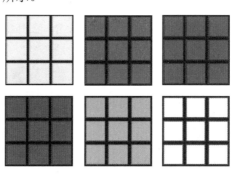

图 4-84 魔方的 6 个面

步骤 3 选中影片剪辑的"黄"面，在"属性"面板中修改其 X、Y、Z 轴坐标位置为：0、0、150，然后再修改"红"面影片剪辑的 X、Y、Z 轴坐标位置为：0、0、0，如图 4-85 和图 4-86 所示。

图 4-85 "红"面的 X、Y、Z 轴坐标

图 4-86 "黄""红"元件的位置关系

步骤 4 将影片剪辑"蓝"面移动到坐标 150、0、0 处，选择 3D 旋转工具将元件的控制点移动到左上角，将其沿 Y 轴旋转 90 度，如图 4-87 所示。

步骤 5 将影片剪辑"绿"面移动到坐标 0、0、0 处，再使用 3D 旋转工具将元件的控制点移动到左上角，将其延 Y 轴旋转 90 度，如图 4-88 所示。

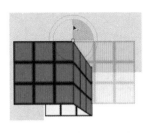

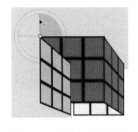

图 4-87　旋转"蓝"面　　　　　　　　　图 4-88　旋转"绿"面

步骤 6　将影片剪辑"紫"面移动到坐标 0、0、0 处，再使用 3D 旋转工具 将元件的控制点移动到左上角，将其延 X 轴旋转 90 度，如图 4-89 所示。

步骤 7　将影片剪辑"白"面移动到坐标 0、150、0 处，再使用 3D 旋转工具 将元件的控制点移动到左上角，将其延 X 轴旋转 90 度，如图 4-90 所示。

步骤 8　选择影片剪辑"蓝"面右击，在弹出的快捷菜单中执行"排列"→"移至顶层"命令，再对影片剪辑"红"面执行该命令，将"红"面调整到最上方，如图 4-91 所示。

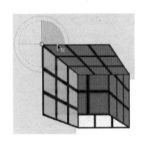

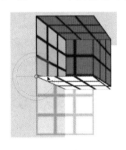

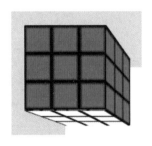

图 4-89　旋转紫面　　　　　　图 4-90　旋转白面　　　　　　图 4-91　完成魔方组合

步骤 9　3D 旋转工具只对影片剪辑元件有效，因此，选中整个魔方，按快捷键【F8】，将其转换为一个影片剪辑"魔方"元件，如图 4-92 所示。将"魔方"移动到舞台中间，在"属性"面板中将透明度修改为 50%，如图 4-93 所示。

图 4-92　转换元件　　　　　　　　　　图 4-93　修改透明度

步骤 10　在时间轴的第 60 帧处按快捷键【F5】，延长时间轴的显示，并在图层中插入补间动画，时间轴效果如图 4-94 所示。

步骤 11　将时间轴移动到第 30 帧处，使用 3D 旋转工具将魔方沿 Y 轴旋转 180 度，再将时间轴移动到第 60 帧处，将魔方沿 Y 轴旋转 360 度，回到起始状态，效果如图 4-95 所示。

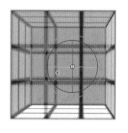

图 4-94 "时间轴"效果

图 4-95 旋转魔方效果

步骤 12 按【Ctrl+Enter】快捷键播放动画查看效果。

 任务经验

本实例实现了利用 3D 变化工具制作三维空间的效果,把握好 X、Y、Z 轴坐标的方向和角度会直接影响画面的动画效果。

思考与探索

思考:

1. 传统动画和补间动画有什么差异?

2. 为什么动画要分图层制作?

3. 在同一个图层上,能放置几个补间动画对象?

4. 插入帧、关键帧、空白关键帧的快捷键分别是什么?

5. 3D 旋转工具是对各种元件都有效果吗?

探索:

1. 根据所给的素材制作动画"飘动的云",效果如图 4-96 所示,采用哪种动画类型更合适?

图 4-96 "飘动的云"效果

2. 使用 Flash 中的骨骼功能制作补间动画"金鱼池塘"，效果如图 4-97 所示。

图 4-97　"金鱼池塘"效果

本章小结

　　本章是 Flash 软件教学中的重点内容之一，通过丰富典型的任务范例讲授了 Flash 动画常用的动画制作方法，虽然制作方法简单，但却是动画的精髓，其中涉及帧的概念和运用、补间动画的制作、逐帧动画的制作、三维动画、骨骼动画等。这些都是前人总结和经过实践检验的动画制作技法，需要认真掌握。

项目五

引导路径动画、遮罩动画

项目导读

Flash 作品中，我们经常会看到鱼儿在水中自由自在地游、卫星绕着地球旋转、绚烂的光线、MTV 字幕等动画效果，这些动画效果单纯地依靠设置关键帧是很难实现的。Flash 为我们提供了引导层和遮罩层来实现复杂动画的制作。在项目五中，我们将学会如何应用引导层和遮罩层来制作复杂动画。

学会什么

① 了解引导层的功能，掌握引导层动画的制作方法
② 了解遮罩层的功能，掌握遮罩层动画的制作方法
③ 学会综合运用引导层和遮罩层制作复杂动画

项目展示

 范例分析

本章共有 3 个任务，重点学习 Flash 中引导路径动画和遮罩动画。

任务 1 如图 5-1 所示，利用引导路径动画制作纸飞机沿着指定的路径飞行的动画效果，了解和掌握引导层动画的制作方法。

任务 2 如图 5-2 所示，利用遮罩动画制作放大镜效果，了解遮罩层的工作原理，掌握遮罩动画的制作方法。

任务 3 如图 5-3 所示，是一则动感十足的网站广告，综合应用了引导路径动画和遮罩动画。飞机沿指定路径飞行，随着飞机的飞行展开白板；广告词分别以逐字及探照灯的效果出

现。本范例的重点是在熟练使用引导路径动画和遮罩动画的基础上，进一步学习如何把握动画的节奏及版面结构。

图 5-1　飞行的纸飞机

图 5-2　放大镜效果

图 5-3　网站广告

 学习重点

本项目重点了解引导路径动画和遮罩动画的工作原理，学习引导路径动画和遮罩动画的制作方法及使用技巧。

储备新知识

 引导路径动画

引导路径动画是将一个或多个图层链接到一个运动引导层，使一个或多个对象沿由运动引导层指定的路径运动的动画。引导路径动画由引导层和被引导层组成。如图 5-4 所示的图层图标为 🎆 的图层是引导层，"图层 1"为被引导层。

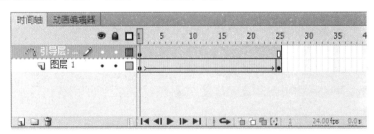
图 5-4　引导层动画

1. 引导路径动画原理

引导层是 Flash 中一种特殊的图层，Flash 通过引导路径动画来实现对象沿着复杂路径移动，灵活地使用引导层可以创建出丰富多彩的动画效果。引导路径动画就是利用引导层中的引导线确定移动路径，使被引导层中的物体沿着指定的路径移动。需要注意的是引导层上绘制的引导线仅作为路径，在发布时是不会显示出来的。

2. 创建引导路径动画的步骤

引导路径动画实际上是补间动画的特例，创建引导路径动画可以采用以下步骤。

（1）在普通层"图层 1"中创建一个对象，插入关键帧，在两个关键帧之间创建传统补间动画。

（2）将鼠标指向"图层 1"右击，在打开的快捷菜单中选择"添加传统运动引导层"，如图 5-5 所示为"图层 1"添加引导层。此时"图层 1"缩进成为"被引导层"，如图 5-6 所示。

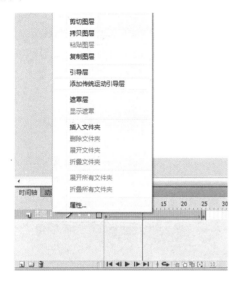

图 5-5　创建引导层

图 5-6　"图层"变为"被引导层"

（3）在引导层中绘制一条路径，然后在"时间轴"面板中插入帧，将绘制的路径延用到已做好的补间动画的终止帧，如图 5-7 所示。

（4）在被引导层中，调整对象的位置，在起始帧处将对象的中心点移动到路径的起点，在终止帧处将对象的中心点移动到路径的终点。注意对象中心的"十"字一定要正好对准引导线的端头，如图 5-8 所示。

图 5-7　引导层路径延用到终止帧

图 5-8　对象的中心要对准引导线的端头

 遮罩动画

遮罩也被称为蒙板，是 Flash 中一个重要的功能，灵活地将遮罩动画与其他 Flash 技术配合使用，可以使作品更加丰富生动。

1. 遮罩动画原理

遮罩相当于在普通层上创建一个任意形状的"视窗"，普通层上的"视窗"内的对象通过"视窗"显示出来，"视窗"之外的对象不会显示。

在 Flash 中，"遮罩动画"是通过"遮罩层"来实现有选择地显示位于其下方的"被遮罩层"中的内容的目的，在一个遮罩动画中，"遮罩层"只有一个，"被遮罩层"可以有任意个。

2. 遮罩动画步骤

在 Flash 中遮罩层是由普通层转化成的。只要在某个图层上右击，在弹出的快捷菜单中选择"遮罩层"命令，如图 5-9 所示，该图层就会转化成遮罩层，同时遮罩层下面的图层被自动关联为被遮罩层，如图 5-10 所示。如果你想关联更多的图层被遮罩，只要把这些图层拖曳到遮罩层下面即可。

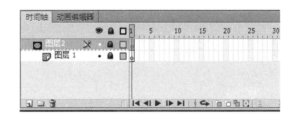

图 5-9　将普通层转化为遮罩层　　　　图 5-10　关联图层为被遮罩层

3. 遮罩层与被遮罩层所使用的内容

遮罩层中的图形对象在播放时是看不到的，遮罩层中的内容可以是按钮、影片剪辑、图形、位图、文字等，但不能使用线条，如果一定要用线条，可以将线条转化为"填充"。

被遮罩层中的对象只能透过遮罩层中的对象被看到。在被遮罩层，可以使用按钮、影片剪辑、图形、位图、文字、线条。

任务1　引导线动画——纸飞机

 **作品展示**

纸飞机沿着指定的路径移动，动画变化效果如图所示 5-11 所示。

图 5-11　纸飞机沿指定路径飞行动化效果

 任务分析

利用引导层路径动画实现纸飞机沿着指定的路径飞行。

 任务实施

步骤 1　执行"文件"→"新建"菜单命令，新建一个 Flash 文档。设置相关参数如图 5-12 所示。

步骤 2　执行"文件"→"导入"→"导入到舞台"菜单命令，导入本书素材"项目五\任务 1\背景.jpg"文件，并将"时间轴"面板中的"图层 1"重命名为"背景"，如图 5-13 所示。

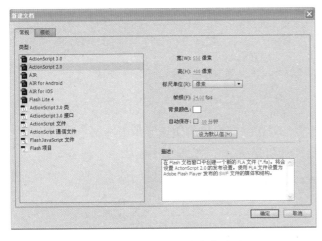

图 5-12　新建文件参数设置

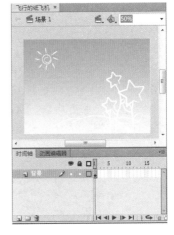

图 5-13　背景导入舞台

步骤 3　选择"背景"图层，在第 50 帧处插入帧，"时间轴"面板如图 5-14 所示。

步骤 4　选择"文件"→"导入"→"导入到库"菜单命令，将本书中的素材"项目五\任务 1\飞机.png"导入到库中。

步骤 5　新建"图层 2"，并将重命名为"飞机"。将"飞机.png"文件从库中拖曳到舞台上，并将"飞机.png"缩小到 70%，如图 5-15 所示。

图 5-14　"时间轴"面板

图 5-15　导入飞机并缩小

步骤 6　执行"飞机"图层，在第 50 帧处插入关键帧，将飞机移动到舞台的其他位置，并创建飞机的补间动画。"时间轴"面板如图 5-16 所示。

图 5-16　创建飞机的补间动画"时间轴"面板

步骤 7　将鼠标放在"飞机"图层上，右击，在弹出的快捷菜单中选择"添加传统运动引导层"命令，再单击，为"飞机"图层添加引导层，"时间轴"面板如图 5-17 所示。

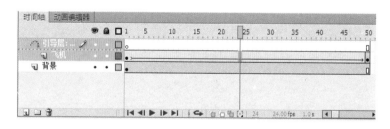

图 5-17　为飞机层添加引导层

步骤 8　选中引导线层，选择工具栏中的铅笔工具，并将铅笔模式设置为"平滑"，在舞台中绘制飞机飞行的路径，并调整路径的平滑度，如图 5-18 所示。

步骤 9　选中"时间轴"面板上"飞机"图层的第 1 帧，将飞机移动到引导线的起始端，注意飞机的中心要与引导线的起始端对正；再选中第 50 帧，将飞机移动到引导线的终止端，同样注意将飞机的中心与引导线的终止端对正。这是保证飞机沿引导线移动的关键，如图 5-19 所示。拖到时间轴，看到飞机沿着引导线移动。

图 5-18 绘制飞机飞行的路径

图 5-19 将飞机与引导线对正

步骤 10 选中"飞机"图层，在"属性"面板中勾选"调整到路径"复选框，如图 5-20 所示。

步骤 11 按【Ctrl+Enter】快捷键播放动画查看效果。保存文件，命名为"飞行的纸飞机"。

图 5-20 选中"调整到路径"复选框

 **任务经验**

在制作引导路径动画时，我们需要明确引导层是用来指示元件运行路径的，所以引导层中的内容可以是用钢笔、铅笔、线条、椭圆工具、矩形工具或画笔工具等绘制出的线段。"被引导层"中的对象是跟着引导线走的，可以使用影片剪辑、图形元件、按钮、文字等，但不能应用形状补间动画。

任务2 遮罩动画——放大镜效果

 **作品展示**

当放大镜在画面上移动时，放大镜下面的图片部分会放大显示，动画变化效果如图 5-21所示。

图 5-21　放大镜效果

 任务分析

本例中我们运用"遮罩动画"来实现图像的放大效果。其中原图为"背景"图层，放大的原图作为被遮罩层，"椭圆工具"绘制的圆形作为遮罩层。

 任务实施

步骤 1　执行"文件"→"新建"菜单命令，新建一个 Flash 文档。设置相关参数如图 5-22所示。

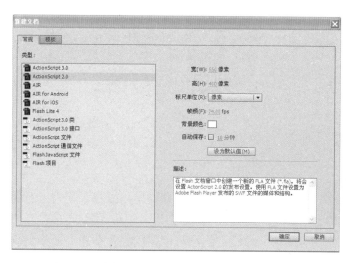

图 5-22　新建文件参数设置

步骤 2　执行"文件"→"导入"→"导入到库"菜单命令，将本书中的素材"项目五\任务 2\原图.jpg 和镜框 png"导入到库中。

步骤 3　将库中的"原图"拖到舞台中，利用"对齐"面板将其"与舞台对齐"，并将

"图层 1"重命名为"背景",在第 20 帧处插入帧,效果如图 5-23 所示。

图 5-23 建立"背景"图层

步骤 4 新建"图层 2",并将其重命名为"大图",将库中的原图导入到舞台,将其放大到 140%,稍微调整大图的位置,效果如图 5-24 所示。

步骤 5 新建"图层 3",重命名为"放大镜",选择椭圆工具在舞台中绘制圆形,并在第 1～20 帧之间创建圆形从左向右移动的补间动画,效果如图 5-25 所示。

图 5-24 创建"大图"图层

图 5-25 创建"放大镜"图层

步骤 6 新建"图层 4",重命名为"镜框",将库中的"镜框.png"文件拖入到舞台,调整大小和位置,按照步骤 5 的方法创建从左到右的补间动画,效果如图 5-26 所示。

步骤 7 选中"放大镜"图层,右击,在弹出的快捷菜单中选择"遮罩层"命令,将"放大镜"图层转化为遮罩层,效果如图 5-27 所示。

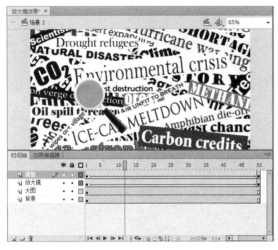
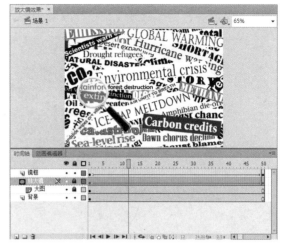

图 5-26　创建镜框层　　　　　　　图 5-27　将"放大镜"图层转化为遮罩层

步骤 8　按【Ctrl+Enter】快捷键播放动画查看效果。保存文件，命名为"放大镜效果"。

任务经验

如果你对放大镜放大倍数的效果不满意，可以先单击"时间"轴面板上"大图"图层的锁头，解锁后，调整大图的缩放比例，调整好缩放比例后，千万别忘记把锁头锁上，否则你是看不到遮罩效果的！想想看，如果你想改变放大镜移动的位置又该如何操作呢？

任务 3　遮罩引导综合动画——网站广告

作品展示

本例为某网站的一则广告，动画变化效果如图 5-28 所示。

图 5-28　网站广告动画效果

任务分析

本例是遮罩动画和路径引导动画的综合运用。实例中运用绘图工具绘制飞机和白板部分，飞机沿指定的路径飞行，随着飞机的飞行，白板展开，广告文字分别以逐个及探照灯效果出现。

 **任务实施**

步骤 1 执行"文件"→"新建"菜单命令，新建一个 Flash 文档。设置相关参数如图 5-29 所示。

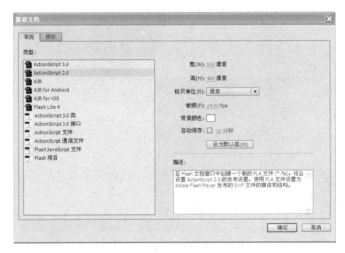

图 5-29 新建文件参数设置

步骤 2 执行"文件"→"导入"→"导入到库"菜单命令，将本书的素材"项目五\任务 3\地球.jpg"导入到库中。

步骤 3 将库中的"地球.jpg"拖曳到舞台中央，将"图层 1"重命名为"背景"，在第 50 帧处插入帧，并将"背景"图层锁定，如图 5-30 所示。

图 5-30 锁定"背景"图层

步骤 4 执行"插入"→"新建元件"菜单命令，将元件命名为"飞机"，如图 5-31 所示。绘制如图 5-32 所示的飞机元件。

图 5-31 新建飞机元件

图 5-32 绘制飞机元件

步骤 5　新建"图层 2"，重命名为"白板"，并绘制如图 5-33 所示的图形。

图 5-33　绘制白板

步骤 6　新建"图层 3"，重命名为"遮罩层"，绘制如图 5-34 的形状。在第 10 帧处插入关键帧，将绘制的图形形状调整成如图 5-35 所示的形状。在第 1～10 帧之间创建形状补间动画，如图 5-36 所示。

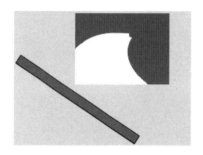

图 5-34　绘制遮罩层形状

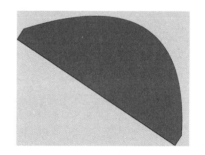

图 5-35　遮罩层形状变形

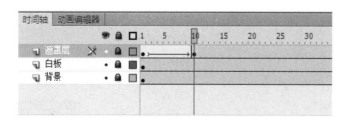

图 5-36　创建遮罩层形状补间动画

步骤 7　选中"遮罩层"，右击，选中"遮罩层"命令，将图层转化为遮罩层，如图 5-37 所示。按下【Enter】键，可以看到白板的渐显效果。

步骤 8　新建"图层 4"，重命名为"飞机"，将库中绘制的元件"飞机"拖入舞台，并调整其大小，如图 5-38 所示。

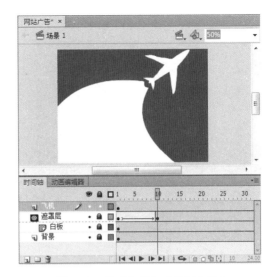

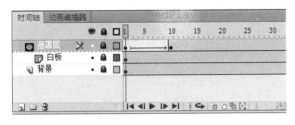

图 5-37 转化遮罩层   图 5-38 将"飞机"元件拖入舞台

步骤 9 在第 1～10 帧之间制作飞机从舞台左下方飞向舞台右上方的动画，如图 5-39 所示。

步骤 10 选择"飞机"图层右击，在弹出的快捷菜单中，选择"添加传统引导线层"，并绘制引导线路径，将飞机移动到路径上，适当调整路径的位置，如图 5-40 所示。

步骤 11 新建"图层 5"，重命名为"音乐"，在第 11 帧处插入关键帧，输入文本"一个人带着音乐去旅行"，字体为"幼圆"，文字颜色为#cc0066。

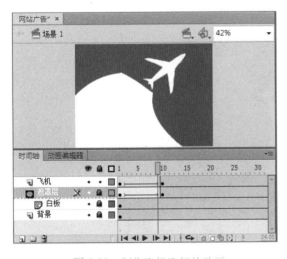

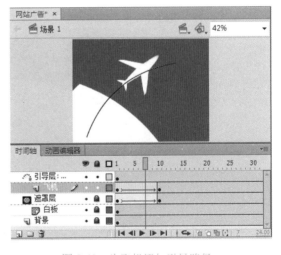

图 5-39 制作飞机飞行的动画   图 5-40 为飞机添加引导路径

步骤 12 制作文字逐个出现效果。新建"图层 6"，重命名为"矩形"，在第 11 帧处插入关键帧，绘制矩形。并制作矩形由第 11～15 帧的从左向右移动的动画效果，并将"矩形"图层转化为"音乐"图层的遮罩层，效果如图 5-41 所示。

步骤 13 按照步骤 11 和步骤 12 的方法，分别在第 16～20 帧和第 21～25 帧制作其他两组文字的动态效果，如图 5-42 所示。

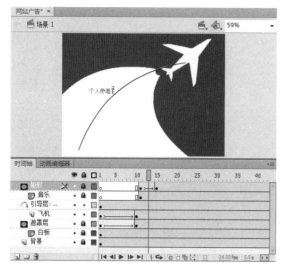

图 5-41　文字逐个出现效果

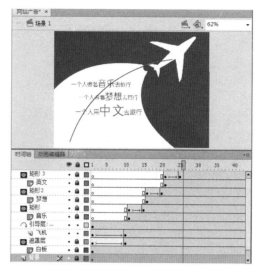

图 5-42　另外两组文字动态效果

步骤 14　新建"图层 10"，重命名为"精英"，在第 26 帧处插入关键帧，输入文本"助你圆梦"。

步骤 15　制作文字的探照灯效果。新建"图层 11"，重命名为"小球"，在第 26 帧处插入关键帧，绘制小球，并在第 26～40 帧之间制作小球从左向右移动的动画。然后将"小球"图层转化为遮罩层，如图 5-43 所示。

步骤 16　按【Ctrl+Enter】快捷键播放动画查看效果。保存文件，命名为"网站广告"

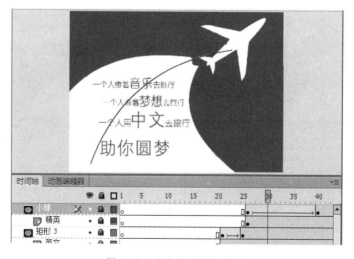

图 5-43　文字的探照灯效果

 **任务经验**

本实例的制作过程中，要注意飞机飞行和白板出现的节奏要合理，可以通过调整遮罩层形状的变化来把握节奏。文字出现运用了遮罩原理，大家可以广开思路，想想利用遮罩原理还可以制作哪些文字的动态效果。飞机沿路径飞行时，注意首、尾端的对齐。

思考与探索

思考：

1．引导路径动画的原理是什么？

2．引导层和被引导层分别可以使用哪些元素？

3．遮罩动画的原理是什么？

4．遮罩层和被遮罩层分别可以使用哪些元素？

探索：

1．根据所给的素材制作引导路径动画"游来游去的小蝌蚪"效果如图 5-44 所示。

图 5-44　"游来游去的小蝌蚪"效果

2．利用遮罩原理制作图片切换效果，如图 5-45 所示。

图 5-45　图片切换效果

本章小结

　　本章是 Flash 软件教学中的重点内容之一，通过典型的任务范例讲授了 Flash 引导路径动画和遮罩动画的制作方法及使用技巧。引导路径与遮罩是 Flash 中的重要工具，虽然它们的使用方法很简单，但是其功能非常强大，许多优秀的 Flash 作品中都离不开这两项技术，希望大家在熟练掌握本章内容的基础上，灵活运用引导和遮罩技术，创作出更加丰富的 Flash 作品。

技能强化训练

一部动画片是否好看，其中的表情表演占了很大的比重，表情如何表现得生动、符合情理，夸张程度的运用是很难把握的。人物内心的各种不同的心理活动，主要是通过面部表情的变化反映出来。而面部变化最丰富的地方是眼部（眉毛）和嘴巴。其他部分则相应地会受这两部分影响而变化。对于面部表情，必须把整个面部器官结合起来分析，单纯只有某一部分的表情不能够准确表达人物内心的活动。

学会什么

① 人物基本表情的表现形式
② 人物侧面走的运动规律
③ 如何结合 **Photoshop** 制作动画

项目展示

 范例分析

本章通过这 3 个任务的训练可以基本了解结合 Flash 软件如何制作简单的动画，从而了解制作动画的过程。

任务 1 如图 6-1 所示，用制作好的人物制作 QQ 表情，通过制作表情动画可以了解表情变化规律。

任务 2 如图 6-2 所示，用制作好的人物制作人物侧面走路，结合软件工具的运用掌握人物走路的特点与技巧。

任务 3 如图 6-3 所示，是 Flash 与 Photoshop 相结合制作出来的，在 Flash 中运用了补间动画与逐帧动画的形式完成，通过本例能了解不同软件如何穿插并相互结合制作出不同的动画效果。

图 6-1　QQ 表情动画

图 6-2　人物侧面循环走

图 6-3　小河马动画

本项目重点了解基础的运动规律并熟练结合软件工具的运用制作动画，从而了解动画制作的方法，以及制作动画的技巧。

储备新知识

 表情动画

1．面部表情的表现形式

人物表情的变化是非常复杂和多样的，不同人物、不同感情下，面部表情的变化都是不一样的。但通过对大量人物照片的观察，人物的表情可基本归类为 6 种，即悲伤、发怒、笑、畏惧、厌恶和惊讶，如图 6-4 所示。注：人物形象来自卡通《轩辕》。

图 6-4　人物基本表情

2．眼睛和眉毛的动画

（1）肢体动作一般是通过眼神带动。

（2）如果你真的对叫你的第 3 方非常非常感兴趣，那么我肯定要让那个角色受眼睛的引导。

（3）如果你对谈话主题非常非常感兴趣（比起叫你的第 3 方），那么我会开始扭转身体，然后是胸膛，在然后是头部，最后我会让眼睛转过去。因为他的头脑还处在目前的谈话中。

（4）眼睛是心灵的窗户。在一部电影中，眼睛是观众们看的第一个部位，然后是手。我们在试图和屏幕上的角色进行交流。眼睛会告诉我们角色相当多的心理活动。所以确保你花了足够的时间来让眼睛和眉毛具备足够的细节是非常重要的。不同种类的眨眼往往蕴藏了大量的其他信息。比如，很多次当你的眼睛从左到右发出一个指引的眼神时，你的眼皮是半睁半闭的。你需要塑造眼皮的形状来帮助表现这个眼睛的指向动作。

（5）眨眼：无论这个动作多慢或者多快，也要记住在眨眼动作结束时，在眼皮升到顶端的地方加一个缓冲。如果你不这么做，而只是让眼皮一下停住，那样看起来会有一点机械。

（6）飞快的移动视线：有时候会用一帧，大多数会用两帧来表现，这没有一个定律。最重要的是你要想一下为什么要这么做。把一种特别的方式给转动的眼睛通常是很不错的。比如，如果我在做一个特写镜头时，我可能会让眼睛看左边，再看右边，然后看下边，最后回到上边。这是因为我的角色正在看对方的左眼，然后是右眼，然后看嘴巴。这与人的思维过程是紧密相关的。

3. 表情动画的不同风格

（1）动画的夸张风格，如图 6-5 所示。

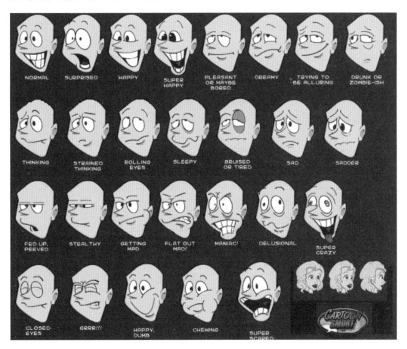

图 6-5　夸张表情

（2）动画无厘头风格，如图 6-6 所示。

（3）写实动画的表情，如图 6-7 所示。

4．口型动画

（1）动画中的口型基本概括为 7 种表现形式，如图 6-8 所示。

（2）人下巴结构，口型动画上嘴唇位置固定，下巴动。

图 6-6　无厘头风格　　　　　　　　　　　图 6-7　写实动画的表情

图 6-8　7 种口型

（3）不同情绪下的 7 种不同口型，如图 6-9 所示。

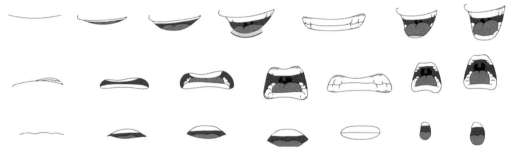

图 6-9　不同情绪的 7 种口型

任务 1　强化训练——QQ 表情动画

作品展示

小鸭子跳了一圈，表现出开心的表情，动画效果如图 6-10 所示。

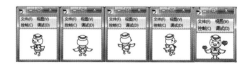

图 6-10　小鸭子开心跳的过程

 **任务分析**

利用现有的小鸭子转面设定的文件，在时间轴上创建关键帧后摆出小鸭子跳跃的过程，最后跳回正面后利用补间做出小鸭子开心的动作和表情。需要注意的是小鸭子在跳跃过程中中心点的位置以及地面的位置不要偏移，否则会出现物体没有在原地跳跃的错觉。人物落地的预备和缓冲也是需要注意的。

任务实施

步骤 1 执行"文件"→"新建"菜单命令，新建一个 Flash 文档。设置宽和高为 90 像素×90 像素，帧频率为 8fps，其他相关参数如图 6-11 所示。

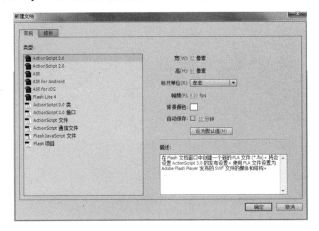

图 6-11 新建文件参数设置

步骤 2 将"素材\项目 4\任务 1\小鸭子转面"文件打开，复制出需要的各面，如图 6-12 所示。

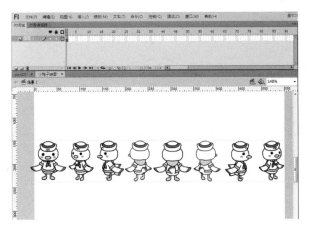

图 6-12 复制小鸭子各面

步骤 3 将小鸭子跳一圈需要的转面逐个导入到关键帧中摆好跳跃的动作，从第 1 帧播放小鸭子的转面跳跃就完成了，如图 6-13 所示。

步骤 4 将小鸭子跳回正面后的正面所有元件全选后，按快捷键【F8】整合成新的图形元件，也就是当前文件的第 9 帧，进入元件内部做出小鸭子表情的变化，以及落在地面上的预备和缓冲动画，如图 6-14 所示。

图 6-13 小鸭子跳跃的动作

图 6-14 将文件的第 9 帧整合成新的图形元件

步骤 5 进入第 9 帧的图形元件内部，选中内部所有元件，右击，在弹出的快捷键菜单中选择"分散到图层"命令，将所有元件分散到图层，如图 6-15 所示。

图 6-15 将图形元件分散到图层

步骤 6 在第 3 帧的位置插入关键帧，分别进入小鸭子眼睛的元件中，在第 3 帧的位置插入关键帧，将眼睛用直线工具或铅笔工具画出微笑的眼睛形状，如图 6-16 所示。

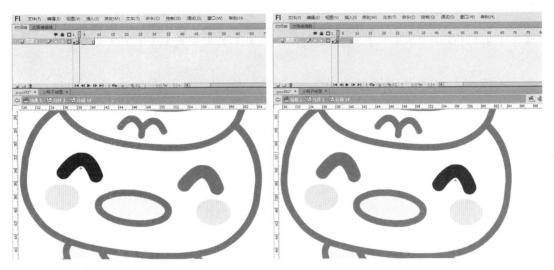

图 6-16　微笑的眼睛

步骤 7　回到上一级元件的内部，分别在第 3 和 5 帧的位置插入关键帧，分别加入小鸭子向上的预备动画以及向下的缓冲动画，让动画看起来更生动有趣，如图 6-17 所示。

图 6-17　将第 3 和 5 帧加入预备和缓冲动作

步骤 8　回到场景中，新建两个图层绘制出心形的图案，将其新建成图形元件，制作出从出现到消失的动画，如图 6-18 所示。

步骤 9　按【Ctrl+Enter】快捷键播放动画查看效果，按【Ctrl+S】快捷键保存文件，命名为"小鸭子开心表情"。

图 6-18　制作心形从出现到消失的动画

任务经验

本实例实现了 QQ 动画表情的制作，注意如何利用元件的方法在元件内部制作动画，以及如何巧妙地运用预备和缓冲让动画看起来更生动有趣的技法。

任务 2　强化训练——人物侧面循环走

作品展示

走路是在动画片中最常出现的，也是作为动画大师必须要掌握的，如何做出生动的人物侧面走路动画是有规律可循的，走路需要 5 个关键帧，动画效果如图 6-19 所示。注：人物形象出自卡通动画《开心果》。

图 6-19　人物侧面循环走路的动画过程

 **任务分析**

对于步行的过程，动画大师们有过形象的概括，他们说步行是这样的一个过程：你就要向前跌倒但是你自己刚刚好及时控制住没有跌倒。向前移动的时候，我们会尽量避免跌倒。如果我们的脚不落地，的脸就会撞到地面上。我们在经历一个防止跌倒的过程的循环。

 任务实施

步骤 1 打开"素材\项目 6\任务 2\人物形象.fla"文件，再选择"文件"→"新建"菜单命令，新建一个 Flash 文档。设置宽和高为 720 像素×576 像素，帧频率为 24fps，如图 6-20 和图 6-21 所示。

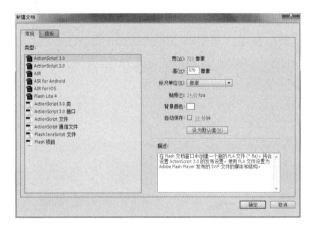

图 6-20　人物形象　　　　　　　　图 6-21　新建文件参数设置

步骤 2 将人物形象复制到舞台中心，将人物所有的元件选择后，按快捷键【F8】整合成一个新的"图形元件"，进入此元件内部，将所有元件"分散到图层"制作动画，将场景的人物元件整合成一个新元件，进入此元件内部制作动画是因为制作过程会更加便捷、方便管理和更改，如图 6-22 所示。

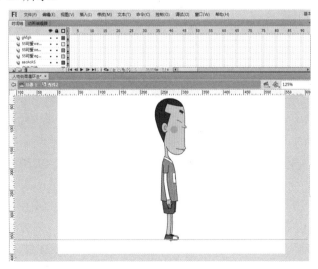

图 6-22　将人物整合成新元件并进入新元件内部制作动画

步骤 3 制作动画之前，要先把部分"图形元件"的中心点位置调整到方便旋转的位置，效果如图 6-23 所示。

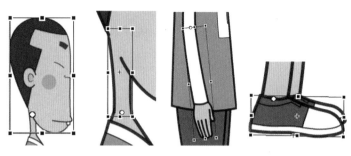

图 6-23 将部分元件中心点调整到适合旋转的位置

步骤 4 按【Ctrl+Alt+Shift+R】快捷键，打开标尺工具，在标尺的纵向、竖向位置分别拖曳出地平线和中心线，方便制作人物动画，如图 6-24 所示。

步骤 5 侧面循环走，顾名思义是正在走路的过程中，因此我们将第 1 帧动作摆成人物正在走路的原画关键动作，如图 6-25 所示。

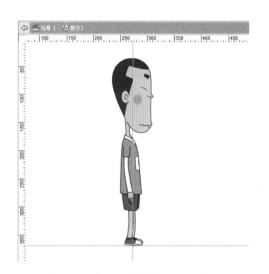

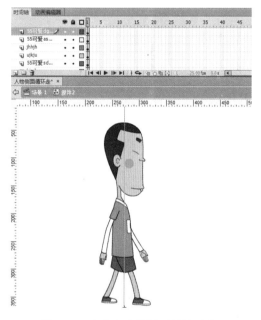

图 6-24 拖曳出地平线和中心线　　　　图 6-25 人物走路的原画关键动作

步骤 6 在制作人物匀速走路的动画时，一般是每 25 帧走两步构成人物循环走，如第 1 帧是人物走路的第 1 步，即在"时间轴"第 13 帧的位置插入"关键帧"摆出人物走路第 2 帧的原画关键帧，所以在第 13 帧的位置我们将摆出人物走路第 2 步的原画关键帧，然后在第 1~13 帧的中间添加补间动画，如图 6-26 所示。

步骤 7 在第 1~13 帧的"时间轴"中间第 7 帧的位置插入"关键帧"，我们将摆出第 3 个原画关键动作，也就是第 1 步到第 2 步的中间原画关键动作，需要注意的是人物在两脚落地时因为两脚同时落地所以身体会比站立时要矮，相反如果有一条腿站立在地面上，身体会比两脚同时落地时要高。因为第 7 帧的关键帧是有一条腿站立在地面上，所以我们要将身体的上身、脖子、头部分别向上提高几个像素，来模拟真实的人物走路，让动画看起来更生动。还需要注意的是人物在做迈出下一步的动作之前的预备动作，是有一条腿作为支撑腿，另一条腿做出预备动作有半步准备迈出去。记住，迈出去的那一条腿在下一个预备迈出去的关键动作之前，永远是作为支撑腿在地面上站立预备迈出下一步，如图 6-27 和图 6-28 所示。

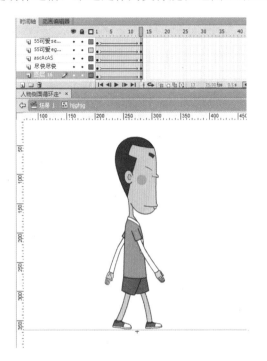

图 6-26　添加第 1～13 帧的补间动画

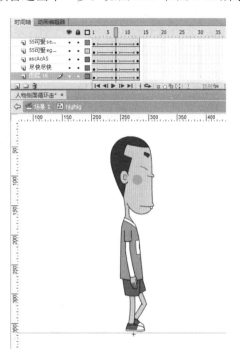

图 6-27　第 3 个原画关键动作

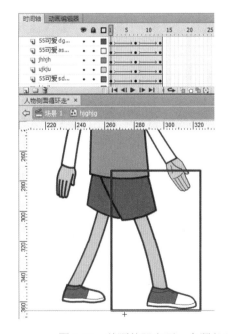

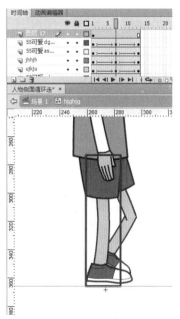

图 6-28　前面的腿在下一个预备动作之前永远是作为支撑腿

步骤 8　在第 20 帧的位置插入"关键帧"摆出下一步的预备半步动作，需要注意的问题同步骤 7，如图 6-29 所示。

步骤 9　在第 25 帧的位置插入"关键帧"摆出人物侧面循环走的最后一个原画关键动作，如图 6-30 所示。

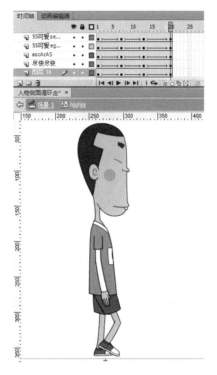

图 6-29　第 4 个原画关键动作

图 6-30　第 5 个原画关键动作

步骤 10　按【Ctrl+Enter】快捷键播放动画查看效果，按【Ctrl+S】快捷键保存文件，命名为"人物侧面循环走"。

任务经验

本实例使学习者了解人物侧面循环走的关键原画动画，以及如何结合 Flash 软件的工具和便捷的方法来实现人物走路的动画，可以让学习者了解怎样直接做出人物侧面走路的动画，并了解运动规律。

任务 3　强化训练——小河马动画

**作品展示**

小河马开心地享受着树林中的好空气，突然发现一黑影从空中快速飞过，动画效果如图 6-31 所示。

图 6-31　小河马动画效果

任务分析

不同的景别同时推镜时，根据空间的不同，运动的速度不同，越近的运动速度越快，越远的运动速度越慢，层级关系分配妥当，制作动画时会减少很多不必要的麻烦。

任务实施

步骤 1　执行"文件"→"新建"菜单命令，新建一个 Flash 文档，设置宽和高为 720 像素×576 像素，帧频率为 24fps，其他相关参数如图 6-32 所示。

图 6-32　新建文件参数设置

步骤 2　打开"素材\项目 6\任务 3\人物形象和"素材\项目 6\任务 3\Photoshop 素材"中的"背景 1"，分别把人物形象和背景复制到步骤 1 新建的文件里，将层级关系分配好，如图 6-33 和图 6-34 所示。

图 6-33　层级关系分配

图 6-34　层级关系分配好后的效果

步骤 3 回到场景中，在 3 个图层的第 76 帧的位置插入"关键帧"，并在中间加入传统补间动画，制作出推镜头的动画效果，注意景别位置不同，运动速度不同，效果如图 6-35 和图 6-36 所示。

图 6-35 第 1 帧的效果   图 6-36 第 76 帧推镜头的景别效果

步骤 4 在第 97 帧的"人物"图层中，插入"关键帧"，选择此帧将其按【Ctrl+B】快捷键打散，"时间轴"面板如图 6-37 所示。选中小河马元件，把新建图层中重命令为"人物看天空"，在此图层第 97 帧的位置将小河马按【Ctrl+X】快捷键剪切到"关键帧"中，如图 6-38 所示。再进入此元件内部，将所有元件"分散到图层"制作小河马看天空的动画，如图 6-39 所示。

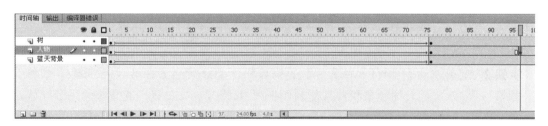

图 6-37 在"时间轴"面板

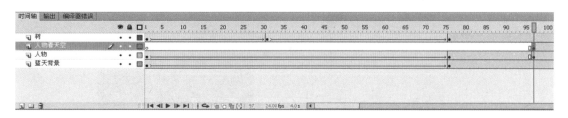

图 6-38 在"时间轴"97 帧将人物复制到当前位置

步骤 5　回到上一级元件中，在当下所有图层的第 100 帧的位置都插入一列"关键帧"，将所有第 100 帧上的元件按【Ctrl+X】快捷键剪切，如图 6-40 所示。再新建一个文件，参数采用默认设置，如图 6-41 所示。把所有剪切的元件按【Ctrl+V】快捷键粘贴到此新建文件的图层中，然后把所有场景的背景排列成长方形的形状，如图 6-42 所示。选择"文件"→"导出"→"导出图像"命令，如图 6-43 所示。保存文件，命名为"场景飞速效果 1"，保存类型选择"JPEG 图像"，如图 6-44 所示。保存后会弹出"导出JPEG"对话框，将品质数值修改为"100"，包含设置为"最小图像区域"，单击"确定"按钮确定，如图 6-45 所示，按【Ctrl+S】快捷键保存文件，命名为"小河马动画"。

图 6-39　小河马看天空的动画

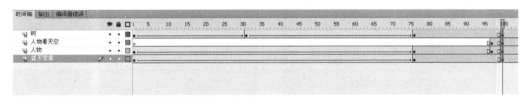

图 6-40　在"时间轴"第 100 帧的位置将所有层插入"关键帧"

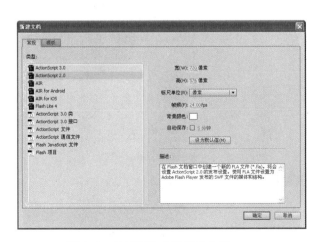

图 6-41　使用默认参数新建文档

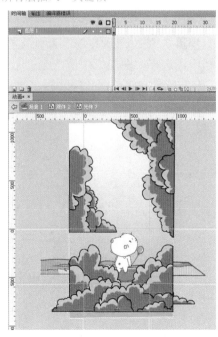

图 6-42　场景的背景排列成长方形的形状

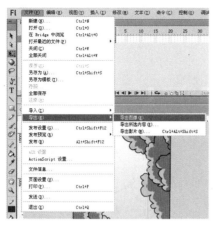

图 6-43　文件导出图像　　　　　　　　　　　　　图 6-44　保存文件

步骤 6　打开 Photoshop 软件，新建名称为"场景飞速效果"，宽度为"800 像素"，高度为 1600 像素，分辨率为 100 像素/英寸的文档，如图 6-46 所示。

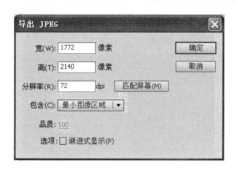

图 6-45　设置图片参数　　　　　　　　　　　　　图 6-46　设置新建文档参数

步骤 7　进入 Photoshop 新建文档界面后，将步骤 5 导出的"场景飞速效果"文件导入到文档中，选择"图层"中的背景并双击，弹出"新建图层"对话框，单击"确定"按钮，如图 6-47 所示。将此图片用选择工具拖曳到新建的文档中，按快捷键【Ctrl+T】调整图片的大小以及位置，调整妥当后按快捷键【Enter】确定，如图 6-48 所示。

图 6-47　确认新建图层　　　　　　　　　　　　　图 6-48　调整图片大小以及位置

步骤 8 执行"滤镜→模糊→动感模糊"菜单命令，如图 6-49 所示。弹出"动感模糊"对话框，参数角度设置为"-90"，距离为"230"，如图 6-50 所示。出现纵向模糊的效果，如图 6-51 所示。调整好后选择"文件"→"储存为"菜单命令，将文件命名为"场景飞速效果 1-完成"，文件格式选择"JPG"，如图 6-52 所示。保存后会弹出"JEG 选项"对话框，使用默认值确定即可，如图 6-53 所示。

图 6-49　设置滤镜中动态模糊

图 6-50　设置动态模糊参数

图 6-51　动态模糊效果

图 6-52　保存文件

图 6-53　图片质量参数设置

步骤 9 打开"素材/项目六/任务 3/Photoshop"素材"中的"背景 2"文件，新建文件，参数为默认值，将背景 2 中的树丛，复制到新建文件的舞台上，把树叶粘贴在场景中，选择"文件"→"导出"→"导出图像"菜单命令，将文件命名为"树丛模糊效果"，保存类型选择"PNG"，保存后会弹出"导出 PNG"对话框，包含设置为"最小图像区域"，单击"导出"按钮，如图 6-54 所示。进入 Photoshop 软件，将用 Flash 导出的"树丛模糊效果"文件直接拖曳到 Photoshop 的文档中，如图 6-55 所示。将此图片用选择工具拖曳到新建的文档里后，按快捷键【Ctrl+T】调整图片的大小以及位置，调整妥当后按【Enter】键确定。选择"滤镜→模糊→高斯模糊"菜单命令，如图 6-56 所示。弹出"高斯模糊"对话框，参数半径设置为"4.0"，如图 6-57 所示，将出现模糊的效果。调整好后选择"文件"→"储存为"菜单命令，将文件命名为"树丛模糊效果-完成"，文件格式选择"PNG"，确认后会弹出"PNG 选项"对话框，默认参数值就可以，最终效果如图 6-58 所示。

图 6-54 "导出 PNG"参数设置

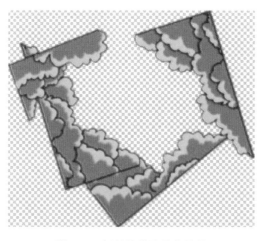

图 6-55 打开"树丛模糊效果"文件

图 6-56 选择"高斯模糊"效果

图 6-57 设置模糊值参数

图 6-58 树丛的最终模糊效果

步骤 10 打开步骤 5 保存的"小河马动画"文件，回忆在步骤 5 中，将第 100 帧的所有元件剪切了，所以 100 帧目前是空白关键帧，如图 6-59 所示。

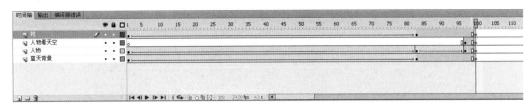

图 6-59 "时间轴"的 100 帧

步骤 11 在"时间轴"新建图层，命名为"场景飞速效果"，在第 101 帧的位置插入关键帧，在第 100 帧的位置，将素材/项目六/任务 3/Photoshop 素材/场景飞速效果 1-完成的 JPEG 图片选中直接拖曳至舞台，在第 107 帧的位置插入"关键帧"，制作出从下到上摇镜头的效果，如图 6-60 所示。

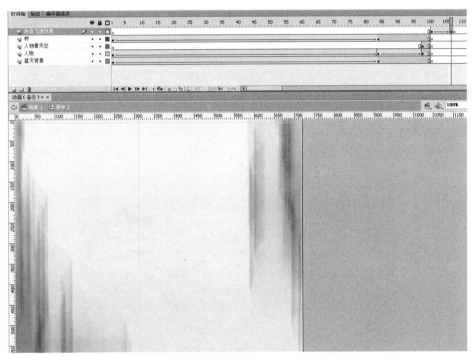

图 6-60 摇镜头效果

步骤 12 在"时间轴"上新建图层，在第 108 帧的位置，插入"关键帧"，将"素材/项目六/任务 3/Photoshop 素材"的"背景 2"的 Flash 文件复制到第 108 帧的位置，将复制进来的元件整合成新的元件，如图 6-61 所示。进入到此新建元件的内部，地面在"时间轴"上的图层命名为"地面"。再新建图层，打开"素材/项目六/任务 3/人物设定"，将人物复制到此图层中，命名为"人物抬头看"，并把元件的大小、位置以及仰望的身体透视关系摆放好。接下来，在"时间轴"上继续新建图层，命名为"树丛"。将"素材/项目六/任务 3/Photoshop 素材的""树丛模糊效果-完成"的 PNG 图片拖曳到"树丛"图层中。在"时间轴"上新建图层，命名为"黑影"，效果如图 6-62 和图 6-63 所示。

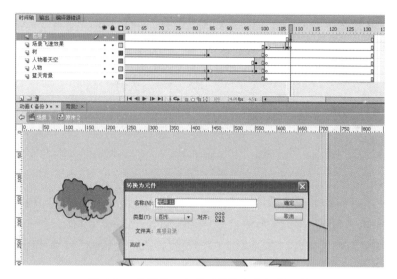

图 6-61 将背景 2 中的元件整合为新的元件

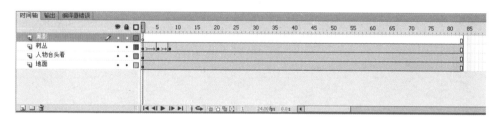

图 6-62 "时间轴"上的图层位置以及名称

图 6-63 图层位置摆放的最终效果

步骤 13 在"树丛"图层第 5 和 8 帧的位置分别插入"关键帧"，制作出树丛以为有风，左右晃动的动作。在"黑影"的第 10 帧位置插入"空白关键帧"，在第 11 帧的位置绘制出黑影飞过的运动轨迹动画，按【Enter】键看整个动画效果，如图 6-64 所示。

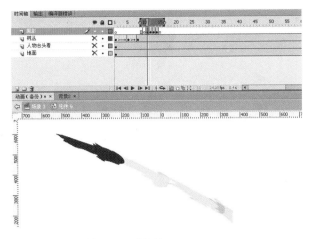

图 6-64　绘制黑影运动轨迹

步骤 14　回到"场景 1",按【Enter】键查看整个动画效果,如动画节奏上整体衔接不好,可以通过【F5】或【Shift+F5】快捷键调整时间的快慢,让动画达到更好的效果。

按【Ctrl+Enter】快捷键播放动画查看效果,按【Ctrl+S】快捷键保存文件。

思考与探索

思考:

1.QQ 表情为什么尺寸小,帧频率为什么为 8fps 或 12fps?

2.案例是原位侧面循环走路,怎么样制作人物侧面向前移动走路?

3.场景近虚远实的纵深感还可以通过其他方法来实现吗?

探索:

1.根据所给的"素材/项目六/探索/1"的人物设定,尝试制作"小猫咪开心吃鱼"的动画,效果如图 6-65 所示。

图 6-65　"小猫咪开心吃鱼"效果

2.根据所给的"素材/项目六/探索/2"的人物设定,尝试制作人物大摇大摆地走路动画,效果如图 6-66 所示。

图 6-66 "人物大摇大摆地走路"效果

本章小结 ....

　　本章基于前几章内容学习效果的综合强化训练，通过学习者耐心地学习和制作，会基本了解动画的制作流程，对动画运动规律会有深入的了解，虽然步骤繁琐，但是通过仔细研究会发现有规律可循，动画的学习精髓来源于生活，日常生活中的景物、事物、人物是我们最好的参考、学习对象。

项目七

Flash 动画中的音频和视频

项目导读

通过为 Flash 动画加入声音和视频，能够为动画增添背景音乐、动作音效，以及实景录像视频元素。恰到好处的音频和视频能够赋予动画作品以生命力。熟练掌握对音频和视频素材的运用将对动画制作能力有很大的提升。

学会什么

① 认识不同类型的音频和视频素材
② 制作动画背景音乐和按钮音效
③ 利用视频素材制作动画作品

项目展示

 范例分析

本章共有 3 个任务，分别在动画中加入背景音乐和按钮音效，并且利用视频来制作动画效果。

任务 1 如图 7-1 所示，添加动画背景音乐，了解音频的不同类型和设置方法，熟练掌握背景音乐添加的步骤和参数设置。

任务 2 如图 7-2 所示，为按钮添加音效，了解音效在按钮的不同状态中所起到的作用，熟练掌握按钮音效的添加方法。

任务 3 如图 7-3 所示，本范例利用视频文件，结合 Flash 动画中绘制的卡通内容，制作出真实的视频与卡通内容结合的动画效果。经过学习，能够熟练掌握视频素材在动画中的编辑和制作过程。

图 7-1　背景音乐

图 7-2　按钮音效

图 7-3　视频动画

 学习重点

本项目重点是 Flash 中音频和视频的相关知识，学习动画背景音乐、按钮音效、视频元素合成的动画制作方法，掌握 Flash 软件的音频和视频使用技巧。

储备新知识

 Flash 中的音频

声音是 Flash 动画的重要组成元素之一，它可以增添动画的表现能力。在 Flash CS6 中，用户可以使用多种方法在影片中添加声音，从而创建出有声影片 。

在 Flash 动画中插入声音文件，首先需要决定插入声音的类型。一般在 Flash 中使用的声音格式是 MP3 和 WAV。Flash CS6 中的声音分为事件声音和音频流两种 。

Flash 中的音频导入方式有两种。

方法一：使用菜单栏中的"文件"→"导入"→"导入到库"命令，可以将声音导入到库中。

方法二：使用菜单栏中的"文件"→"导入"→"导入到舞台"命令，同样可以将声音导入到文档中。

打开"导入到库"对话框，选择需要导入的声音文件，单击"打开"按钮导入文件，如图 7-4 所示。

要在文档中添加声音，从"库"面板中拖动声音文件到舞台中，即可将其添加至当前文档中，如图 7-5 所示。选择"窗口"→"时间轴"命令，打开"时间轴"面板，在该面板中显示了声音文件的波形，如图 7-6 所示。

图 7-4 "导入到库"对话框

图 7-5 拖动声音文件到舞台

图 7-6 "时间轴"面板中的音频波形

Flash 中的视频

在 Flash CS6 中，可以将视频剪辑导入到 Flash 文档中。根据视频格式和所选导入方法的不同，可以将具有视频的影片发布为 Flash 影片（SWF 文件）或 QuickTime 影片（MOV 文件）。在导入视频剪辑时，可以将其设置为嵌入文件或链接文件。

Flash 支持的视频格式有：AVI、DV、MPG/MPEG、MOV、WMF 等。

导入视频文件为嵌入文件时，该视频文件将成为影片的一部分，如同导入位图或矢量图文件一样。用户可以将具有嵌入视频的影片发布为 Flash 影片 。

可以使用"文件"→"导入"→"导入视频"菜单命令，将视频文件导入到文档中，如图 7-7 和图 7-8 所示。

图 7-7 "导入视频"对话框

图 7-8 设置视频外观

在 Flash 文档中选择嵌入的视频剪辑后，可以进行编辑操作来设置其属性，如图 7-9 所示。

图 7-9　视频属性编辑

任务 1　添加动画背景音乐

 **作品展示**

为一个 Flash 动画添加背景音乐，效果如图 7-10 所示。

图 7-10　为 Flash 动画添加背景音乐效果

 **任务分析**

打开已有源文件 "pic.fla"，添加新的音乐图层，将背景音乐导入到库中，再将背景音乐添加到时间轴上。

 **任务实施**

步骤 1　执行 "文件" → "打开" 菜单命令，打开 Flash 文档 "pic.fla"，如图 7-11 所示和图 7-12 所示。

图 7-11　打开文件　　　　　　　　　　　　图 7-12　"pic.fla" 文档

步骤 2　新建一个图层，命名为"背景音乐"，如图 7-13 所示。

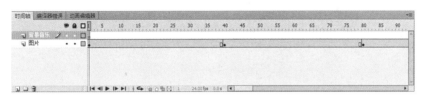

图 7-13　"背景音乐"图层

步骤 3　执行"文件"→"导入"→"导入到库"命令，将背景音乐导入到库中，如图 7-14 和图 7-15 所示。

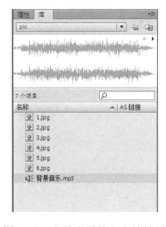

图 7-14　将背景音乐导入到库　　　　　　　图 7-15　背景音乐导入库的效果

步骤 4　将时间线置于第 1 帧位置，把背景音乐从库中拖动至舞台背景音乐在时间轴上的波形如图 7-16 所示。

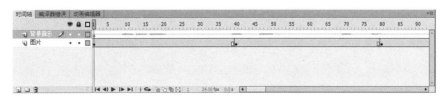

图 7-16　背景音乐在时间轴上显示波形

步骤 5 按【Ctrl+Enter】快捷键播放动画查看效果，看到动画播放的同时，听到背景音乐播放声音，效果如图 7-17 所示。

图 7-17　播放动画和音乐效果

 **任务经验**

本实例实现了动画背景音乐的添加，其中添加的音乐可以在动画播放的同时播放声音。

任务 2　添加按钮音效

 **作品展示**

为一个 Flash 动画添加背景音乐，效果如图 7-18 所示。

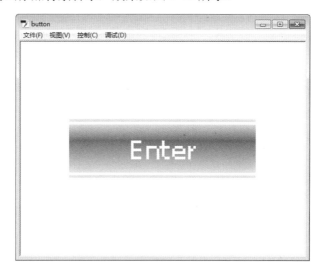

图 7-18　为按钮添加背景音乐

 **任务分析**

打开已有源文件"button.fla"，进入按钮元件内部，添加新的音效图层，将音效导入到库中，再将音效添加到按钮时间轴上。

任务实施

步骤 1 执行"文件"→"打开"菜单命令，打开一个 Flash 文档"button.fla"，如图 7-19 和图 7-20 所示。

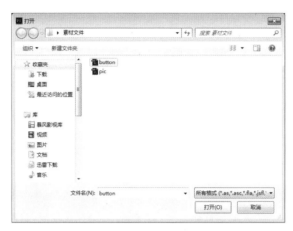

图 7-19 打开文件

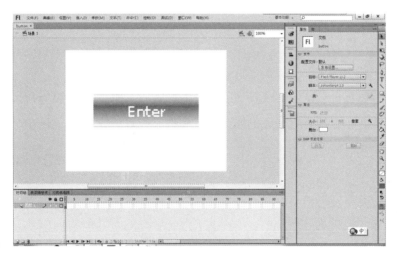

图 7-20 "button.fla"文档

步骤 2 双击按钮，进入按钮元件，在"图层"面板中，新建一个图层，命名为"按钮音效"，图层效果如图 7-21 所示。

步骤 3 执行"文件"→"导入"→"导入到库"命令，将按钮音效导入到库中，如图 7-22 和图 7-23 所示。

步骤 4 将时间轴线置于第 2 帧"指针经过"位置，按【F7】键加入"关键帧"，把按钮音效从库中拖动至舞台按钮音效在时间轴上显示的波形。如图 7-24 所示。

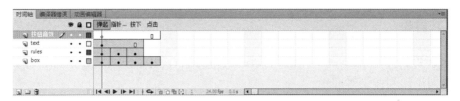

图 7-21　"按钮音效图层"

图 7-22　按钮音效导入到库

图 7-23　按钮音效

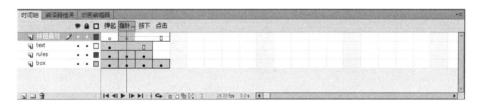

图 7-24　按钮音效在时间轴上显示的波形

步骤 5　在"属性"面板中设置同步为"事件"如图 7-25 所示。按【Ctrl+Enter】快捷键播放动画查看效果，当鼠标经过按钮的同时，听到按钮音效播放声音，如图 7-26 所示。

图 7-25　音频属性

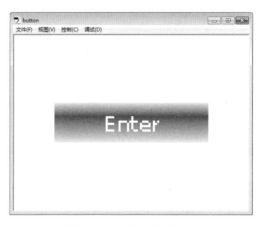

图 7-26　按钮音效播放

任务经验

本实例实现了动画按钮音效的添加，其中添加的音效可以在鼠标经过按钮的同时进行声音播放，注意音频的同步形式有多种，根据不同情况进行选择。

任务 3　添加视频动画

作品展示

为一个 Flash 动画视频动画，如图 7-27 所示。

任务分析

新建文档，导入视频，根据视频内容，制作动画。

任务实施

图 7-27　视频动画

步骤 1　执行"文件"→"新建"菜单命令，新建一个 Flash 文档"shipin.fla"如图 7-28 和图 7-29 所示。

图 7-28　新建文件

步骤 2　执行"文件"→"导入视频"菜单命令，将"手指动作视频"文件导入到文档中，如图 7-30～图 7-32 所示。

步骤 3 设置视频文件属性，将视频大小设置成合适大小，放在舞台中央，如图 7-34 所示。

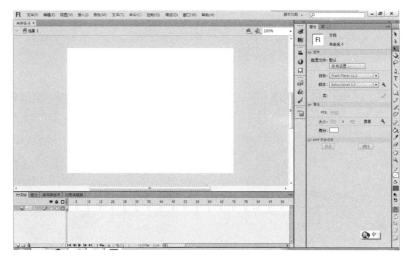

图 7-29 "shipin.fla" 文档

图 7-30 选择视频 图 7-31 设定外观

图 7-32 选择文件

图 7-32 设置视频大小

步骤 4　新建图层"小球",设置时间轴为 180 帧,如图 7-34 所示。

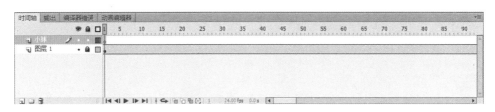

图 7-34　新建图层

步骤 5　在第 1 帧处添加关键帧,利用椭圆工具绘制一个小球,放在左侧。在第 130 帧处,添加关键帧,移动小球到舞台中间位置。在第 180 帧处,添加关键帧,移动小球到舞台左上角外,如图 7-35~图 7-37 所示。

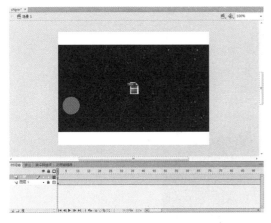

图 7-35　绘制小球

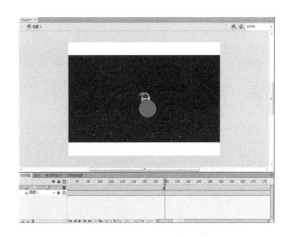

图 7-36　移动小球到舞台中间位置

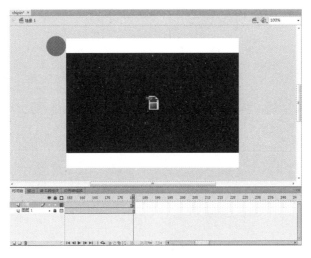

图 7-37　移动小球到舞台右上角外

步骤 6　在第 1~130 帧之间,创建补间动画。在第 131 帧~180 帧之间,创建补间动画,如图 7-38~图 7-39 所示。

图 7-38　"创建补间动画"选项　　　　图 7-39　创建补间动画后的"时间轴"面板

步骤 7　按【Ctrl+Enter】快捷键播放动画查看效果，如图 7-40 所示。

图 7-40　播放动画

 任务经验

　　本实例实现了导入视频，利用视频中的手指动作，配合绘画的小球运动，制作虚实结合的动画效果。

　思考与探索　

　　思考：
　　1. 音频和视频能够为动画提供什么？

2．为什么音频有事件和数据流两种形式？

3．是否所有的视频都能够导入到动画中？

探索：

1．根据素材视频制作动画。

2．制作音乐贺卡。

本章小结

　　本章是 Flash 软件教学中的重点内容之一，通过丰富典型的任务范例讲授了 Flash 动画常用的音频和视频制作方法，能够为动画增添很多乐趣，希望大家能够打开自己的想象力，制作更多音画俱佳的动画。

项目八

交互功能和影片输出

项目导读

　　Flash 不仅让用户观看自行播放的动画，还能够根据用户的选择呈现出不同的动画内容，甚至即时、动态的资料，实现此功能的就是 ActionScript，本章通过 Flash 中 ActionScript 的实例讲解，使读者掌握 ActionScript 的初步应用，本章还将学习 Flash 动画影片的输出，方便在其他程序或网站中使用 Flash 动画。

学会什么

　　① 认识动作面板及 ActionScript 有关术语
　　② 向帧中添加脚本、向按钮中添加脚本
　　③ 学会 Flash 动画影片的输出

项目展示

 范例分析

　　本章共有 4 个任务，前 3 个任务分别使用 ActionScript 实现不同的动画效果，第 4 个任务是动画影片输出。

　　任务 1 如图 8-1 所示，制作按钮交互效果，通过给"播放"、"暂停"和"重放"按钮添加 ActionScript 脚本，控制补间动画的播放，帮助读者了解、掌握在按钮中添加脚本的方法。

　　任务 2 如图 8-2 所示，制作加载进度条，当加载 100%时播放加载内容，帮助读者掌握在帧中添加脚本的方法。

　　任务 3 如图 8-3 所示，本范例用 ActionScript 和影片剪辑元件制作鱼儿到处游动的动画，让读者对 ActionScript 的使用有进一步的认识。

任务 4 通过操作动画影片的设置和输出，让读者掌握 Flash 动画影片的输出技能。

图 8-1　按钮交互　　　　　　图 8-2　进度条　　　　　　图 8-3　鱼儿游

 **学习重点**

本项目重点了解 ActionScript 的相关知识，学习在按钮中和在帧中添加脚本的方法，学会
Flash 动画交互功能的实现和动画影片输出。

储备新知识

 "动作"面板

1．打开"动作"面板

打开"动作"面板的方法有以下几种。

① 通过选择"窗口"→"动作"菜单命令打开。

② 选中舞台上要添加 ActionScript 脚本的对象，单击右键，在弹出的菜单中选择"动
作"命令打开。

③ 在要添加 ActionScript 脚本的关键帧上右击，在弹出的快捷菜单中选择"动作"命令
打开。

2．"动作"面板的组成

"动作"面板如图 8-4 所示，主要由工具箱、工具栏和动作编辑区 3 部分组成，完成
ActionScript 脚本代码的编辑。

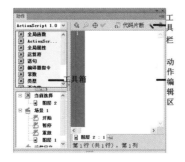

图 8-4　"动作"面板

（1）工具箱

该工具箱包含了所有的 ActionScript 动作命令和相关的语法。在列表中，图标🡒是命令夹，单击可以打开该命令夹；图标⬀表明是一个可以使用的命令、语法或其他相关的工具，鼠标双击即可进行引用。

（2）动作编辑区

该编辑区是进行 ActionScript 编程的主区域，针对当前对象的所有脚本程序都在该区显示，我们所要编写的脚本程序也在这里进行编辑。

（3）工具栏

在动作编辑区的上方有一个编辑工具栏，其中的工具是在进行 ActionScript 命令编辑时经常用到的。

　🔧：添加新动作。

　🔍：查找，单击弹出"查找"对话框，在其中输入要查找的名称，单击"继续查找"按钮即可。

　⊕：插入对象路径。

　✔：语法检查，对书写的代码程序进行语法检查，指出错误原因。

　🖹：自动套用格式，对代码程序进行格式自动套用，完善脚本。

　🔲：显示代码提示，帮助用户完成代码输入。

　🐞：调试，设置程序断点，方便脚本检测。

　📃：行注释。

　📃：块注释。

　📃：删除注释。

　🗔 代码片断：　"代码片断"面板旨在使非编程人员能快速轻松地使用简单的 ActionScript 3.0。借助该面板，可以将 ActionScript 3.0 代码添加到 FLA 文件以启用常用功能。利用"代码片断"面板，可以实现以下功能。

　① 添加能影响对象在舞台上行为的代码。

　② 添加能在时间轴中控制播放头移动的代码。

　③ 将创建的新代码片断添加到面板。

 ## ActionScript 有关术语

1. Action（动作）

它是 ActionScript 脚本语言的灵魂和编程的核心，用于控制在动画播放过程中相应的程序流程和播放状态，所有的 ActionScript 程序在动画中都要通过动作体现出来，程序是通过动作与动画发生直接联系的。例如，常用的 play，stop 等都是动作，分别用于控制动画过程的播放、停止等。

2. Event（事件）

很多情况下，动作不能单独执行，需要一定的事件触发，起触发作用的事件在ActionScript 中称为事件。例如，鼠标的单击、双击、按下、放开等都可以作为事件。如下：

On（release）{

gotoAndStop（"场景1"，3）；

}

其中，release 表示"鼠标单击并放开"事件，该事件触发了"移动到第 3 帧并停止"动作。

3．在按钮（Button）中添加 ActionScript 脚本

将 ActionScript 脚本添加在按钮上，当被添加的按钮发生某些事件时执行相应的程序或动作，如鼠标单击、按钮被按下或放开等。另外，多个按钮同时作为实例出现在动画中并都添加了 ActionScript 程序时，每个实例都会有自己独立的动作，不会相互干扰。

4．在帧（Frame）中添加 ActionScript 脚本

在关键帧上添加 ActionScript 脚本，当动画播放到该帧时就会执行相应的 ActionScript 程序。根据播放动画的内容和要达到的控制要求，在相应的帧添加所需的程序，能够很好地控制动画的播放时间和内容。

 影片输出

影片输出包括影片发布设置和动画导出两部分。

1．影片发布设置

执行"文件"→"发布设置"菜单命令，能够对输出的影片进行设置，如图 8-5 所示。

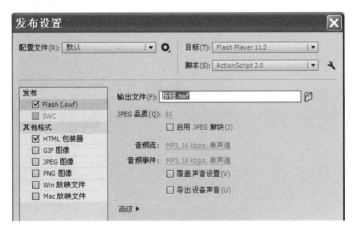

图 8-5　设置输出的影片

该对话框中的"配置文件"、"目标"和"脚本"3 个选项不随发布格式的改变而改变。"配置文件"选项通常是"默认"；在"目标"选项的下拉菜单中可以选择将要发布的 SWF 文件的播放器版本；在"脚本"选项的下拉菜单中可以选择动作脚本的版本。在发布格式中，罗列了多种 Flash CS6 的文件输出格式，常用的有 Flash（.swf）和 HTML 包装器，下面介绍这两种发布格式的设置。

（1）Flash（.swf）

"输出文件"：在"输出文件"文本框中输入文件名，单击  按钮，设置文件的保存路径。

"JPEG 品质"：用来调整 Flash 动画中的位图品质。

"音频流"和"音频事件"：这两个参数项是动画中声音压缩的设定，可以个别调整音频流类型和音频事件类型。

"覆盖声音设置"：将之前个别在"库"面板中设定的声音压缩比率，统一用上面的设定值替代。

（2）HTML 包装器（.html）

"输出文件"：在"输出文件"文本框中输入文件名，单击 按钮，设置文件的保存路径。

"模板"：一般情况下，只要选择"仅限 Flash"即可，这也是默认选项。单击右边的"信息"按钮可以显示选定模板的说明。

"大小"：设置 HTML 代码中宽和高的值。

"播放"：控制 SWF 文件的播放和各种功能。

"品质"：在处理时间和外观之间确定一个平衡点。

"窗口模式"：修改 Flash 内容限制框或虚拟窗口与 HTML 中内容的关系。

"缩放和对齐"：设置如何在应用程序窗口内放置 Flash 内容以及在必要时如何裁剪它的边缘。

2．动画导出

Flash 中的动画导出命令用于产生单独格式的 Flash 作品，Flash 可以导出很多类型的文件，主要包括导出为影片和导出为图像。

导出的影片类型有：SWF 影片（*.swf）、Windows AVI（*.avi）、GIF 动画（*.gif）、QuickTime（*.mov）、WAV Audio（*.wav）、JPEG 文件序列（*.jpg）、GIF 文件序列（*.gif）和 PNG 文件序列（*.png）。

导出的图像类型有：SWF 影片（*.swf）、位图（*.bmp）、JPEG 图像（*.jpg）、GIF 图像（*.gif）和 PNG（*.png）。

任务 1　按钮交互——移动的圆

作品展示

一个圆形从屏幕左侧移动到屏幕右侧，通过按钮控制动画开始、暂停和重放，效果如图 8-6所示。

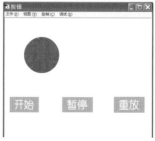

图 8-6　按钮交互——移动的圆

任务分析

在"图层 1"的第 1 帧使用绘图工具在屏幕左侧绘制图形，在最后 1 帧插入"关键帧"，将绘制的图形移动到屏幕右侧然后选择"创建补间形状"命令，在第 1 帧添加脚本。在"图层 2"的舞台导入 3 个新建的按钮元件，分别进行脚本编辑，控制"图层 1"中图形的播放、暂停和重放。

任务实施

步骤 1　选择"文件"→"新建"菜单命令，新建一个 Flash 文档。设置宽和高为 550 像素×400 像素，其他相关参数如图 8-7 所示。

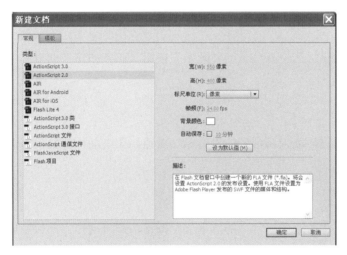

图 8-7　新建文件参数设置

步骤 2　选择"插入"→"新建元件"菜单命令，新建一个按钮元件，名称设置为"开始"，利用矩形工具和文本工具创建"开始"按钮，效果如图 8-8 所示。

步骤 3　依据步骤 2，新建"暂停"按钮元件和"重放"按钮元件。

步骤 4　在第 1 帧利用椭圆形工具在舞台左侧绘制圆形并填充，在第 50 帧插入"关键帧"，将绘制的圆形移动到舞台右侧。在第 1 帧中添加以下 ActionScrip 脚本：

stop();

选择第 1 帧，右击，在弹出的快捷菜单中选择"创建补间形状"命令，"时间轴"面板如图 8-9 所示。

图 8-8　"开始"按钮

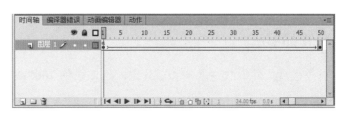

图 8-9　"时间轴"面板

步骤 5 新建"图层 2"，将新建的 3 个按钮元件导入到舞台，如图 8-10 所示。

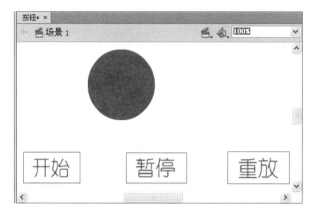

图 8-10 将按钮元件导入到舞台

步骤 6 添加代码，选中舞台上的"开始"按钮，在"动作"面板添加以下代码：

```
On(release){
        play();
    }
```

步骤 7 添加代码，选中舞台上的"暂停"按钮，在"动作"面板添加以下代码：

```
on (release) {
        stop();
}
```

步骤 8 添加代码，选中舞台上的"重放"按钮，在"动作"面板添加以下代码：

```
on (release) {
        gotoAndplay(2);
    }
```

步骤 9 保存文件，然后按【Ctrl+Enter】快捷键播放动画查看效果。

 任务经验

本实例通过给按钮添加脚本，控制动画播放，可以利用【F9】快捷键快速打开"动作"面板，脚本的标点符号必须为英文输入法环境之下的。

任务 2 加载进度条

 **作品展示**

首先呈现文件加载进度条和百分比，当加载到 100%时播放所加载的文件。效果如图 8-11 所示。

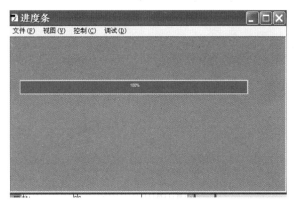

图 8-11　加载进度条

 **任务分析**

利用矩形工具和形状补间制作进度条影片剪辑元件，在"场景 1"的"图层 1"中导入进度条影片剪辑元件，延续到第 14 帧，在第 15 帧导入图片延续到第 30 帧。在"图层 2"的第 1、第 14 和 15 帧添加代码，控制文件加载和播放。

 **任务实施**

步骤 1　选择"文件"→"新建"菜单命令，新建一个 Flash 文档。设置宽和高为 550 像素×400 像素，其他相关参数如图 8-12 所示。

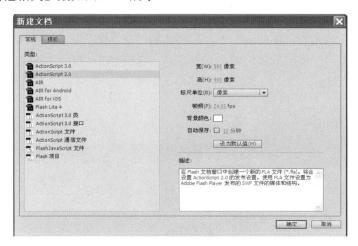

图 8-12　新建文件参数设置

步骤 2　选择"插入"→"新建元件"菜单命令，新建一个影片剪辑元件，名称为"进度条"，在"属性"面板中设置实例名称为"bar"，在舞台上利用矩形工具画一个进度条，如图 8-13 所示。

步骤 3　在第 100 帧处插入关键帧，返回到第 1 帧，利用变形工具，改变进度条的形状，如图 8-14 所示。

步骤 4　创建补间形状动画，如图 8-15 所示。

二维动画设计软件应用（Flash CS6）

图8-13　绘制"进度条"　　　　　　　　　　　图8-14　改变进度条形状

图8-15　创建"补间形状"动画

步骤 5　在影片剪辑"进度条"的编辑区里新建"图层 2"，制作进度条的外框。利用墨水瓶工具和复制命令，效果如图 8-16 所示。

步骤 6　选中"图层 2"，选择文本工具 T ，在舞台合适的位置加入一个动态文本框，在"属性"面板上设置文本类型为动态文本，字体为 Arial ，变量名为 loaded，单行，字体大小、颜色自定义，如图 8-17 所示。

 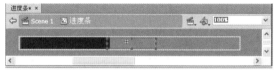

图8-16　进度条外框效果　　　　　　　　　图8-17　动态文本框属性设置

步骤 7　回到主场景在"图层 1"中，将创建的"进度条"影片剪辑元件拖到舞台，并延续到第 14 帧。在第 15 帧插入关键帧，导入图片，延续到第 30 帧。选中第 15 帧，在"动作"面板添加以下代码：

```
stop();
```

效果如图 8-18 所示。

图8-18　导入进度条影片剪辑和图片效果

步骤 8　新建"图层 2"，选中第 1 帧，在"动作"面板添加以下代码：

```
getloaded = _root.getBytesLoaded();
```

130

```
bytetotal = _root.getBytesTotal();
loaded = int(getloaded /bytetotal * 100);
bar: loaded = loaded+"%";
bar.gotoAndStop(loaded );
```

步骤9 选中第 14 帧，在"动作"面板添加以下代码：

```
        if (getloaded == bytetotal)
{
        gotoAndPlay(15);
}else
{
        gotoAndPlay(1);
}
```

步骤10 选中第 15 帧，在"动作"面板添加以下代码，并延续到第 30 帧。

```
stop();
```

最终效果如图 8-19 所示。

图 8-19 最终效果

步骤11 保存文件，然后按【Ctrl+Enter】快捷键播放动画查看效果。

 **任务经验**

制作进度条时需要给实例命名，以便其接收代码指令；动态文本框能够实现动态接收信息的功能，需要指定变量名。

任务 3 鱼儿游

 **作品展示**

动画在 ActionScript 脚本的控制下，呈现鱼儿到处游动的效果，如图 8-20 所示。

图 8-20 鱼儿游效果

 任务分析

利用绘图工具和颜料桶工具制作 fish 影片剪辑元件，在"场景 1"的"图层 1"中导入"fish"影片剪辑元件，在"图层 2"的第 1 帧添加 ActionScript 脚本代码，控制动画播放。

 任务实施

步骤 1 选择"文件"→"新建"菜单命令，新建一个 Flash 文档。设置宽和高为 550 像素×400 像素，其他相关参数如图 8-21 所示。

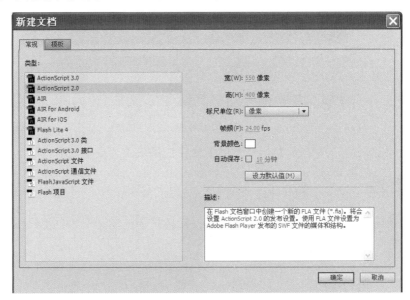

图 8-21 新建文件参数设置

步骤 2 选择"插入"→"新建元件"菜单命令，新建一个影片剪辑元件，命名为"fish"，在舞台上利用绘图工具和颜料桶工具绘制鱼儿，如图 8-22 所示。

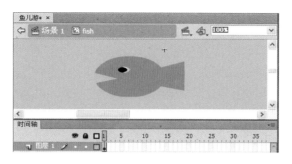

图 8-22 绘制影片剪辑元件 "fish"

步骤 3 返回到主场景中，选中库中的 "fish" 影片剪辑元件，右击，在弹出的快捷菜单中选择 "属性" 命令，在弹出的 "元件属性" 对话框中，单击 高级▼ 按钮，选择 "为 ActionScript 导出" 和 "在第 1 帧中导出" 复选框，设置 "标识符" 为 fish，然后单击 确定 按钮，如图 8-23 所示。

图 8-23 "元件属性" 对话框

步骤 4 将 "fish" 影片剪辑元件导入到主场景的舞台上，如图 8-24 所示。

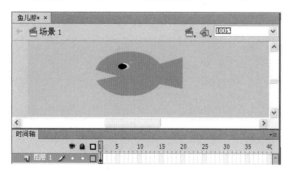

图 8-24 导入元件到舞台

步骤 5 新建 "图层 2"，选中该图层的第 1 帧，按【F9】快捷键打开 "动作" 面板，在 "动作" 面板中添加以下代码：

```
Var m = this.createemptymovieclip("m", 0);
for (var i = 0; i<50; i++) {
var fish = m.attachMovie("fish", "fish"+i, i);
fish.vx = 0;
```

```
fish.vy = 0;
fish.vr = 0;
fish.x = Math.random();
fish.y = Math.random();
random(2) == 0 ? fish.sj=1 : fish.sj=-1;
fish._x = random(550);
fish._y = random(400);
fish.sj<0 && (fish._xscale *= -1);
fish.sd = 0.6;
fish.swapDepths(fish._xscale*1000+i);
fish.onEnterFrame = function() {
    this.vr += 0.03;
    this._y += Math.cos(this.vr)*this.vy*this.sj;
    this._x -= this.vx*this.sj;
    this.vy *= this.sd;
    this.vx *= this.sd;
    this.vy += this.y;
    this.vx += this.x;
    this._x<0 && (this._x=550);
    this._x>550 && (this._x=0);
    };
}
```

添加完代码的"动作"面板如图8-25所示。

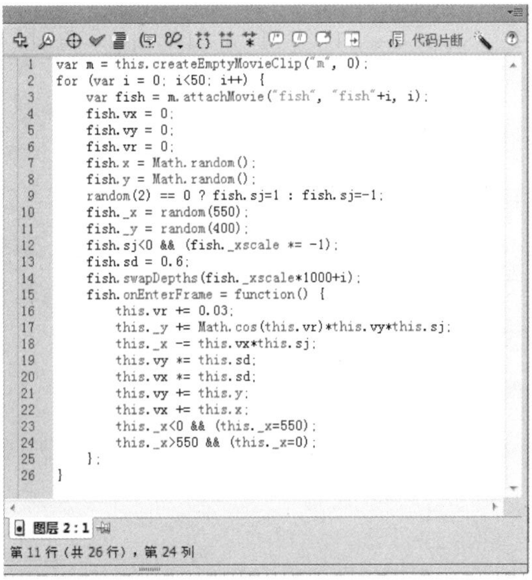

图8-25　"动作"面板

步骤6 保存文件，然后按【Ctrl+Enter】快捷键播放动画查看效果。

任务经验

ActionScript 脚本的功能很强大，编写脚本程序遵循严密的逻辑性，需要经常练习方可掌握精髓。

任务 4　动画导出

作品展示

将"加载进度条"导出为 AVI 格式的影片动画，如图 8-26 所示。

图 8-26　影片输出

任务分析

制作完成的 Flash 动画，利用"文件"→"导出"→"导出影片"菜单命令，选择相应的影片格式即可导出动画影片。

任务实施

步骤 1　打开"加载进度条"源文件，如图 8-27 所示。

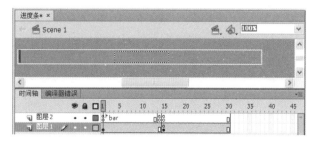

图 8-27　"加载进度条"源文件

步骤 2　选择"文件"→"导出"→"导出影片"菜单命令，如图 8-28 所示。

步骤 3　弹出"导出影片"对话框，在"文件名"文本框中输入视频的名称，在"保存类型"下拉列表中选择"Windows AVI（*.avi）"选项，然后单击"保存"按钮。

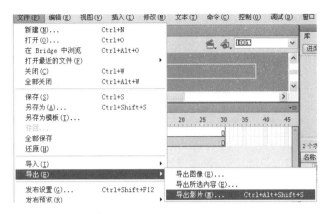

图 8-28　"导出影片"命令

步骤 4　弹出"导出 Windows AVI"对话框，如图 8-29 所示，在对话框中设置视频的尺寸、格式及声音格式等参数，然后单击 确定 按钮。

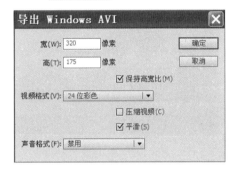

图 8-29　"导出 Windows AVI"对话框

步骤 5　导出完成后，找到导出的视频文件可以看到动画已经变成视频格式，利用视频播放软件就能够播放该文件观看效果。

 任务经验

打开"导出影片"对话框的快捷键是【Ctrl+Alt+Shift+S】，如果在电视上流畅地播放动画，在制作时需要将动画设置成帧频为 25fps。

 思考与探索

思考：

1．调出 ActionScript 面板的快捷键是什么？

2．如何给按钮添加脚本？

3．怎样设置动画的输出格式？

探索:

使用 Flash 的交互功能制作动画"梦幻太空",效果如图 8-30 所示。

图 8-30 "梦幻太空"效果

本章小结

　　本章是 Flash 软件教学中的重点内容之一,也是 Flash 动画的精髓,本章通过丰富典型的任务范例讲授了 Flash 动画常用的交互功能和动画影片导出的操作方法,其中涉及在按钮中添加脚本、在帧中添加脚本、动画影片导出等,需要认真掌握。

项目九

制作 Flash 动画短片

项目导读

　　本项目是对前面学习的所有知识的综合运用，通过本项目任务 1《保护环境》和任务 2《有爱随行　平安回家》两个短片的实践，读者可以亲身体会 Flash 动画短片的制作乐趣，更切实的了解和掌握 Flash 短片制作的流程，包括前期、中期和后期动画制作的原理、方法和步骤，能有效地提高动画制作水平。

学会什么

　　① Flash 动画的制作流程
　　② 剧本写作与分镜头设计的技巧
　　③ 综合运用前面所学知识制作完整动画片

项目展示

 范例分析

　　本章共有 2 个任务，分别制作了两种类型的 Flash 动画短片，综合运用了前面所学的知识。

　　任务 1 如图 9-1 所示，《保护环境》是按照 Flash 动画制作流程制作的动画片，片中主人公"小鱼"所处的水环境被人类乱扔的垃圾破坏，呼吁大家要增强环保意识，爱护水资源。本任务中运用了 Flash 绘画技巧、元件的使用、补间动画、音效、交互等技巧，并且在制作中使用了动态电子分镜的形式。

　　任务 2 如图 9-2 所示，是关于交通安全的 Flash 短片，动画设计中运用到了镜头的变换，适当地使用推、拉、摇、移等方法，能够使动画片看起来更加生动。

图 9-1　《保护环境》动画片部分截图

图 9-2　《有爱随行　平安回家》动画片部分截图

 学习重点

通过前面的学习，想必读者已经掌握了 Flash 软件制作动画的方法，并且可以根据自己的想法进行设计创新。但是对制作一个完整的动画片而言，仅仅掌握动画技术是远远不够的，要想制作好的动画片，必须要掌握 Flash 动画片的制作流程。本项目重点学习 Flash 动画片的制作过程，通过亲身体验制作完整动画，体会 Flash 动画的制作乐趣，并将之前所学的知识技巧得以灵活运用。

储备新知识

 Flash 动画制作流程

Flash 动画的制作过程是由传统动画演变而来的，它简化了传统动画的许多复杂流程，用计算机软件取代了部分手绘内容，提高了动画片的制作效率。一般 Flash 动画片制作要经过前期创作阶段（剧本创作、美术设计、分镜头设计）、中期制作阶段（原画、动画制作、上色）、后期制作阶段（合成、配音剪辑、输出），如图 9-3 所示。

1. 前期创作

（1）剧本创作

剧本，顾名思义就是一剧之本，在制作一部动画片之前，首先要有一个关于动画片的构思，这些构思通常是用文字来描述的，这些文字内容将是导演制作这部动画片的依据。通常我们把这些文字称为动画的文学剧本。一部成功的影视艺术作品，总是首先由剧本提供一个丰厚扎实的创作基础。剧本，作为影视剧的一个很重要的组成部分，是动画片制作中的第一个环节，并且是基础环节，很大程度上影响着一部动画片的成功，而动画片因为其特有的形式，剧本在其制作中的重要性更为甚之。

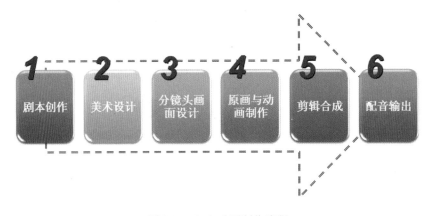

图 9-3　Flash 动画制作流程

优质的剧本是完成一部优秀影片的前提，创作剧本要先确定剧本的类型。动画的分类方法很多，通常根据动画片的长短分为连续剧和单本剧；按照故事发生的地点分为室内剧和室外剧。Flash 动画片多以大家最为喜爱的幽默剧、动作剧或者 MTV 动画等类型分类。

（2）美术设计

美术设计包括角色设计、场景设计和道具设计，是总体美术风格的设定。

① 角色设定。角色造型设计就如同拍影视剧挑选演员一样，需要多方面考虑。要根据剧本的内容和角色性格特点来构思和创作。需要作者有一定的美术基础，经过反复的创作、修改、再创作，才能塑造一个成功而具有独特风格的卡通角色。

设计角色要注意两点：一是将角色的身材比例、表情尽可能地夸张、变形；二是造型的线条要优美流畅、尽量简化。这样做才能适应画面唯美的要求，在一部由多人共同参与制作的动画片中，只有造型简洁明了，才不至于在绘制的过程中变样。

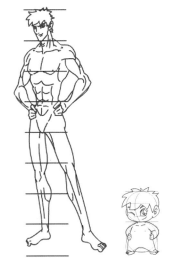

动画片中的角色造型基本分为写实和 Q 版两种风格如图 9-4 所示。一般来说在写实的动画角色造型中，形象刻画比较细腻，线条圆润流畅。在 Q 版风格动画中，角色造型的线条趋于简化，更多的是利用色彩塑造形象的层次感，如图 9-5 所示。

图 9-4　写实风格的人物与 Q 版风格人物的对比

② 场景、道具设计。场景设计和道具设计一样需要很强的美术功底，对于场景和道具，最重要的素材来源于生活，平时应该对周围的环境和物品多注意观察，最好准备一个速写

本，随时记录下生活的场面。场景如图 9-6 和图 9-7 所示。

图 9-5　Q 版风格人物设计

图 9-6　室内场景原画线稿

图 9-7　室内场景

（3）分镜头台本设计

分镜头这一环节是需要认真思考的，因为它是视觉化片子的制作依据，片子好不好看，观众喜欢不喜欢，很重要的因素来源于分镜头的画面。好的分镜头能把用文字叙述的各种精彩剧情描绘成生动的画面，这种动画场面有效地保留了文字剧本的精神内涵。出色的分镜头能为以后的动画制作环节节约大量的时间与成本。

分镜头设计一般包括镜头画面内容和文字描述部分。

画面内容包括故事情境、角色动作、镜头提示、景象层次结构、空间分布和明暗对比等。文字描述包括对白、景别、音效、时间镜头变化以及场景转换方式等视听元素。如图 9-8 所示。

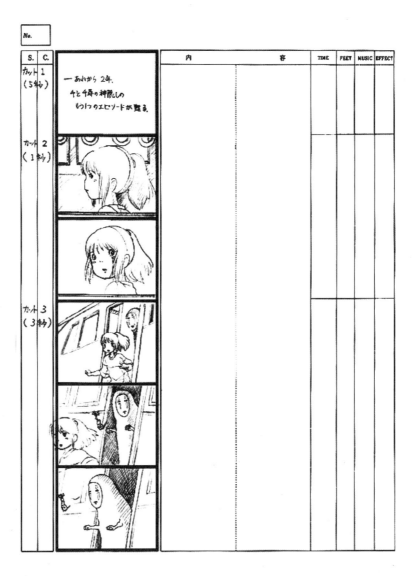

图 9-8　《千与千寻》分镜头设计

此外，电子分镜是动画公司经常使用的一种新型的分镜形式。电子分镜相对于纸质的分镜更视觉化、便捷化、动态化，是对整部片子的一次预演，无需导演多次讲解分析，就能对即将制作的动画有直观的认识和了解。这种分镜形式比较受欢迎，且容易操作。这部分在任务 1 中会详细介绍。

2．中期制作

（1）原画、中间画

原画也称动画设计，是动画片中每个角色动作的主要创作者。原画设计师的主要职责是按照剧情和导演的意图，来完成动画镜头中所有角色的动作设计，画出一张张动作表情各异的关键动态画面。在每个镜头中，角色的连续性动作必须由原画设计师画出其中关键性的动态画面，然后才能进入以后的动画程序。

在 Flash 动画中，中间画是指两个关键帧之间的插补帧画面，是原画的助手和合作者，将原画的关键动态之间的变化过程，按照原画所规定的动作范围、张数及运动规律绘制出中间画。如图 9-9 所示。

图 9-9   动画中的原画和中间画

（2）动画制作

动画制作过程如下。

① 创建库、绘制元件。依照镜头内容制作动画中所需要的元件，将他们保存到库中以备使用。

② 绘制关键帧、过渡帧。参照分镜画面绘制每个镜头。镜头的绘制按照先绘制关键帧，再绘制过渡帧的方式来完成，对于帧的制作，不同情况有不同类型的动画的制作方法。

③ 上色。根据统一设计好的颜色效果为绘制完成的帧上色。

④ 编辑时间轴。通过调整 Flash 时间轴上的图层与时间，完成每个镜头的制作。

3．后期制作

动画的后期制作主要包括合成剪辑、配音、输出等。

Flash 的后期制作有两种可能：一是直接在 Flash 软件中添加特效和声音，然后剪辑、输出形成动画，主要用于在网络上传播的动画片；二是按照镜头逐个输出动画的序列帧，然后在更专业的剪辑软件中制作特效，添加声音，剪辑并最终输出完成，主要用于电影、电视传播和内容比较多的动画片中。

 ## 运动镜头的分类

Flash 动画与电影、电视一样，使用镜头来表现故事、表达感情，通常摄像机的运动有两个基本惯例：一是按照情节来运动，二是在运动过程中保持良好的画面效果。

镜头的运动形式通常包括推、拉、摇、移、跟等形式，每一种运动形式都能产生不同的视听效果，引起观众的强烈心理反应。下面我们逐一来了解各种常用镜头。

1. 推镜头

推镜头有着明确的主体目标，主要是为了突出主体和细节，这决定了镜头的推进方向和最后的落点。在镜头推向主体或细节的同时，取景范围越来越小，随着次要部分的内容不断移除画面，所要表现的主体和细节逐渐变大。在 Flash 中模拟推镜头的方法就是利用补间动画逐渐放大想要表现的对象，如图 9-10 所示。

图 9-10　推镜头

2. 拉镜头

拉镜头有利于表现主体与其所处环境之间的关系，使镜头从某一被摄主体逐渐拉开，展现出主体周围的环境特征，最后在一个远远大于主体的范围内停留住。在 Flash 中模拟拉镜头的方法是利用补间动画逐渐缩小画面，使原来大于画面部分的内容逐渐进入到场景中来，如图 9-11 所示。

图 9-11　拉镜头

3. 摇镜头

摇镜头是传统摄像的一种手法，镜头被固定在一个点上，通过转动摄像机镜头，也就是由一个点开始转动摄像机进行拍摄。Flash 是二维矢量软件，无法做到 3D 软件所能达到的镜头效果，但是我们可以通过移动或轻微旋转以及扭曲对象来实现，如图 9-12 所示。

图 9-12　移镜头

4．移镜头

移镜头指摄像机沿水平或垂直轨道滑动。当用户想使画面平行移动或对象相对于背景移动的时候经常用这种方法，在 Flash 中模拟移镜头的方法就是移动背景，如图 9-13 所示。

图 9-13　移镜头

5．跟镜头

跟镜头就是指摄像机随着对象运动轨迹追踪拍摄，当要充分表现对象的运动过程和速度，或者为了表现穿行感觉的时候通常使用这种方法，手法与推镜头类似，但前者主要用于表现静态景物或平行运动，后者主要用于表现动态事物。在 Flash 中模拟跟镜头的方法就是使用放大或移动对象功能，如图 9-14 所示。

图 9-14　跟镜头

接下来以动画片《保护环境》和《有爱随行　平安回家》为例，体验 Flash 动画制作的全过程。

任务1 环保公益短片——保护环境

 作品展示

《保护环境》Flash 动画片是一个简洁明快的动画，部分截图如图 9-15 所示。

 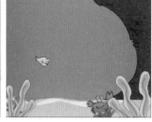 

图 9-15 《保护环境》动画部分截图

任务分析

《保护环境》这个 Flash 动画虽然简洁，但是片头、片尾、音效、动画情节在片中都有较好的体现，本任务中运用了 Flash 绘画技巧、元件的使用、补间动画、音效添加、交互等技巧。

任务实施

剧本创作

保护环境剧本

美丽的小鱼在水底高兴地游玩，水底冒着可爱的气泡。突然一只鞋子从上面掉下来，差点砸到小鱼的头，小鱼吓了一跳，一转身，又有一些垃圾从水面沉下来，小鱼再也高兴不起来，伤心而惊恐地逃跑了，留下了原本应该美丽却被堆满垃圾的水底。呼吁大家"爱护环境珍惜水源"。

角色和场景设计

1. 角色造型设定

本片的主要角色为小鱼，如图 9-16 所示

2. 场景设计

本动画的场景为水底场景，如图 9-17 所示。

图 9-16 小鱼形象

图 9-17 水底场景

分镜头设计

任务 1 的分镜头设计采用了电子分镜的形式，在分镜中已经将小鱼的外形轮廓和基本动作都制作完成了，已经初步确定了关键帧和动画情节，这样做有助于把握动画的节奏和确定关键帧的位置。动态分镜设计如图 9-18 所示。

绘制库文件

按照前期设定的美术风格，将小鱼和小鱼活动的水底场景绘制出来存放在库中，以备在稍后制作动画的时候调用。例如，运动气泡的绘制，建议在影片剪辑中制作一个向上飘动的气泡，命名为"移动的气泡"。稍后在制作过程中将"移动的气泡"元件多次拖曳至场景中合适位置即可完成气泡的制作，如图 9-19 所示。

图 9-18 动态分镜截图

制作动画

根据电子分镜的内容进行时间轴的编辑，接下来编辑制作这个动画。

步骤 1 打开"素材\项目九\任务 1\《保护环境》电子分镜.fla"，通过观看电子分镜，了解动画的情节和节奏。将文件另存为需要保存文件的电脑盘符下，命名为"保护环境"，准备按照电子分镜绘制内容制作动画。

步骤 2 新建图层命名为"背景"，开始制作动画。首先制作片头部分，片头部分一般会给出片名、作者、相应的画面和开始按钮等信息。本例子中将小鱼作为开始按钮很有新意，单击小鱼则播放动画。任务 1 中的片头绘制如图 9-20 所示，按钮交互在项目八中已经讲过，这里不再赘述。

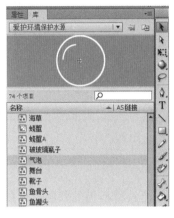

图 9-19　气泡的制作　　　　　　　　　　　图 9-20　动画片头

步骤 3 动画部分的制作从第 2 帧开始，在小鱼游过来之前展示的是水底美丽的环境，包括气泡的移动、小螃蟹的爬行。在第 2 帧处插入关键帧，从库中调出水底背景、气泡、螃蟹等元件放在合适的位置。

步骤 4 新建图层，命名为"动画"，再新建图形元件"小鱼动作"，制作小鱼游过来的动画。这部分持续到第 99 帧。将"小鱼动作"元件拖曳到"动画"图层，时间轴如图 9-21 所示。

步骤 5 在"小鱼动作"元件里新建图层命名为"下落"，在第 100～122 帧之间制作垃圾从上面落下的动画，这里使用了逐帧动画制作。同时小鱼吓了一跳，在第 123 帧插入"关键帧"，制作小鱼大吃一惊然后转身的动画。动画时间轴如图 9-22 所示。

步骤 6 在"小鱼动作"元件中新建图层，分别命名为"靴子"、"盒子"和"瓶子"，制作更多的垃圾被抛入水里，小鱼伤心游走的动画，如图 9-23 所示。

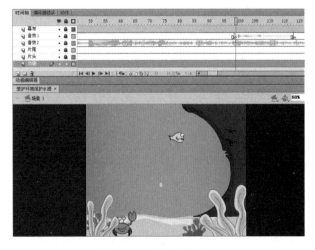

图 9-21　小鱼游动动画

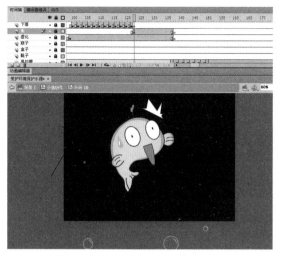

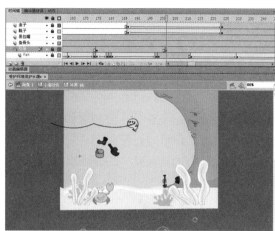

图 9-22　小鱼吃惊效果及时间轴　　　　　　图 9-23　更多垃圾落进水里截图

步骤 7　接下来制作片尾部分，制作字幕"请保护水资源请不要再让鱼儿们哭泣"文字。最后将"重播"按钮拖曳到场景中设置交互功能，效果如图 9-24 所示。

图 9-24　片尾效果

步骤 8　按【Ctrl+Enter】快捷键播放动画查看效果。

 **任务经验**

　　动态分镜能更好地运算整部短片的时间以及每个镜头的具体时间，更直接地体现每个镜头之间如何组接，角色如何运动，还能有效地节约制作成本。当然电子分镜的制作要较为熟练地掌握 Flash 软件才能很好地完成。

任务2　制作MTV动画——有爱随行 平安回家

作品展示

MTV动画是Flash动画的一种常见表现形式，优美的旋律配上精致的动画，会给观众带来视觉和听觉的完美享受，想知道如何制作MTV动画，就一起来吧。这一项目给大家介绍的是沈阳市信息工程学校计算机动漫与游戏制作专业苏倩倩同学制作的MTV短片《有爱随行平安回家》，如图9-25所示，该短片参加了第十届全国文明风采大赛，获得了辽宁省一等奖。

图9-25　《有爱随行 平安回家》部分截图

任务分析

本任务是运用之前所学的知识，完成一个完整的动画片，该动画片通过剧本编写、分镜头设计、动画制作以及后期制作等步骤进一步体验二维动画的制作流程，是对学习Flash知识的进一步巩固，是二维动画知识的综合运用过程，同时通过制作动画，培养动画作者的团队合作意识和责任心，从而提升职业素养。

任务实施

剧本创作

《有爱随行平安回家》是一首交通安全方面的公益歌曲，歌曲的歌词是这样的：

在路上带着爱的嘱托，在路上带着平安的祝福，

在路上为了梦想而奔忙，在路上为了责任忍让，

红灯停绿灯行，遵章停，按章行，

赢得生命把握希望，平安一路无事故；

红灯停绿灯行，横穿时，请看停，

让生命充满阳光，让生命充满美丽的希望。

根据歌词大意，我们创作了《有爱随行平安回家》的故事情节，由于故事主要发生在5个场景中，为了便于理解，我们把剧本按照场景来分开。

第1场：家门口

大明要外出会客，小美为大明带上安全帽，帽子上有小美为大明亲手画的笑脸，小美送

大明出门，叮嘱大明注意安全，早点回家。

第 2 场：马路上

大明满载着幸福行驶在路上，他想到的是责任、安全和为了家庭努力打拼，他严格遵守交通规则，红灯停，绿灯行，文明礼让斑马线上的行人。

第 3 场：停车场

大明来到停车场，按照车位认真停好车。

第 4 场：饭店

饭店里大明和朋友一起开心地聊天，谈合作，喝了一些酒。

第 5 场：路边

聚会结束后，大明和朋友各自回家，他想起小美的叮嘱，决定打出租车回家，这样更安全，这是对自己负责也是对他人负责。

第 6 场：家

大明平安到家，小美高兴地迎接他，镜头中展示出他们幸福的合影，其实平安就是最大的幸福，片尾想起话外音，"爱在路上，平安回家"。

 角色和场景设计

1. 人物造型设定

本片的人物主要包括小美、大明、大明的朋友、路人，如图 9-26 所示。

大明　　　　　　　　　　　　小美

其他配角人物

图 9-26　人物造型设计

2．场景设计

场景包括家门口、马路上、饭店、家里等，如图 9-27 所示。

家门口　　　　　　　　　　马路上　　　　　　　　　　停车场

饭店

大明和小美的家

图 9-27　场景设计

3．道具设计

道具包括铅笔、桌子、帽子、相框、摩托车、出租车等，如图 9-28 所示

铅笔　　　桌子　　　　　　帽子　　　　　　相框

摩托车侧面　　　摩托车正面　　　出租车

图 9-28　短片中的道具

分镜头设计

在完成了剧本和美术设计之后就要进入分镜头设计环节了，分镜头设计需要具备两方面的能力：一是有一定的绘画能力，二是使用视听语言讲故事的能力。这两方面技能需要多学习和多锻炼才行，希望大家能够多加实践，分镜头如见表 9-1 所示。

表 9-1　分镜头

镜号	画面	摄法	动作	对白	时间
001		空景			1 秒
002		近景	横移		2 秒
003		近景	画笑脸		4 秒
004		小全景	戴帽子		5 秒
005		小全景	挥手再见		5 秒
006		中景	加速度线		4 秒

续表

景号	画面	镜头	动作	对白	时间
007		小全景	刹车		3 秒
008		近景	推镜到近景		2 秒
009		小全景	停车		7 秒
010		中景	敬礼		2 秒
011		特写			1 秒
012		小全景	喝酒		3 秒

镜号	画面	景法	动作	对白	时间
013		小全景			2 秒
014		近景	加特效		1 秒
015		小全景	招手打车		2 秒
016		近景			1 秒
017		近景			1 秒
018		小全景	移镜 推镜		6 秒

绘制库文件

根据分镜头设计，这部分需要先在库中绘制出基本的素材如场景、人物、道具等，形成素材库，以备在稍后制作动画的时候调用。

 编辑时间轴

本实例因为是 MTV，有音乐的节奏和内容，比较容易掌握关键帧的添加，我们首先将歌曲导入到 Flash 中，如图 9-29 所示，再新建一个图层命名为"动作层"用来放置相应的动作元件，以免时间轴过于混乱。

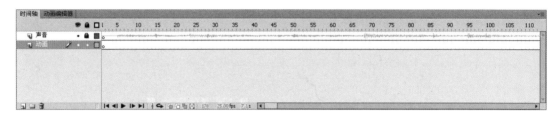

图 9-29　添加声音

接下来以 sc-005 为例来演示动画制作方法。sc-005 这个动作根据音乐的第二句歌词"在路上带着平安的祝福"来制作。根据这一句词的时间，这一镜头的制作从时间轴第 402 帧开始，共持续 143 帧。

1. 镜头表现

这一镜头发生在家门口，大明和小美告别离家上路，小美挥手，大明从镜头中移出。

2. 预览效果

通过观看"素材\项目 9\任务 2\《有爱随行，平安回家》.swf"，了解这一部分要制作的效果，如图 9-30 所示是本镜头的部分内容。

图 9-30　sc-005 镜头效果片段

3. 具体参考流程及详细步骤

步骤 1 新建元件"大明小美告别",在该元件中分别建立 3 个图层:大明、小美,并分别将绘制的场景和人物拖曳到相应的图层。如图 9-31 所示。

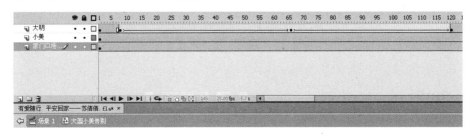

图 9-31 "大明小美告别"元件

步骤 2 在"大明"图层第 8 和 66 帧处添加关键帧,将第 66 帧处的人物放大,添加补间动画,制作出人物大明离镜头越来越近的效果,用来表现大明出发。接下来在第 121 帧处添加"关键帧",将大国下移出镜头,添加补间动画,用来表现人物行驶出画面。

步骤 3 小美的挥手动作是在"小美"元件中完成的,此外大明和小美眨眼睛的动作是预先在人物元件中完成的,是循环的动作。将制作好的"小美"元件拖曳到"大明小美告别"元件中即可,如图 9-32 所示。

图 9-32 人物"小美"挥手的制作

步骤 4 在时间轴"动画"层上第 402 帧处添加关键帧,将"大明小美告别"元件拖曳到场景中,在第 545 帧按【F5】快捷键给定播放的时间,如图 9-33 所示。

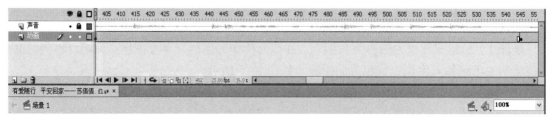

图 9-33 时间轴

影片输出

影片制作完成后，要将影片完整输出，因为本实例是 MTV 动画，声音方面不需要后期配音剪辑，只需将动画调整好后输出即可。输出动画的方法是选择"文件"→"导出影片"菜单命令。选择相应的输出格式、输出位置，保存就可以看到影片了，如图 9-34 所示。

图 9-34 影片输出

 ## 任务经验

任务 2 的制作综合运用了前面所学的动画知识，需要注意的是，在制作动画镜头的时候我们选择在元件中完成，然后确定关键帧位置再拖曳到主场景中去，这样避免了主场景中时间轴过分混乱复杂的情况。另外在制作短片的时候要注意规范，图层和库中的元件都应该准确地命名，方便团队中其他成员参与动画的修改和制作。

思考与探索 ·····························

思考:

1. Flash 动画制作的流程包括哪些?

2. 分镜头设计通常包括哪些内容?

3. 摇镜头与移镜头的区别在哪里?

探索:

1. 构思制作一个 Flash 小短片《文明校园》。

2. 尝试制作环保短片《时过境迁》MTV 动画。

本章小结 ·····························

　　本项目不仅仅局限于 Flash 软件的使用,而是从动画制作整体角度出发,按照前期、中期、后期的制作流程制作,通过实际完成《保护环境》和《有爱随行 平安回家》两个动画短片,使读者熟悉 Flash 动画片的基本制作方法,项目中介绍了动画片制作的规范和相关技巧,以及重点场景、角色的具体制作方法和步骤,让读者亲身体会 Flash 动画从创意到完成全过程的乐趣,有利于今后动画片制作的实践。希望读者能够多思考、多实践,一定会掌握 Flash 动画短片的制作方法。

反侵权盗版声明

电子工业出版社依法对本作品享有专有出版权。任何未经权利人书面许可，复制、销售或通过信息网络传播本作品的行为；歪曲、篡改、剽窃本作品的行为，均违反《中华人民共和国著作权法》，其行为人应承担相应的民事责任和行政责任，构成犯罪的，将被依法追究刑事责任。

为了维护市场秩序，保护权利人的合法权益，我社将依法查处和打击侵权盗版的单位和个人。欢迎社会各界人士积极举报侵权盗版行为，本社将奖励举报有功人员，并保证举报人的信息不被泄露。

举报电话：（010）88254396；（010）88258888

传　　真：（010）88254397

E-mail：　dbqq@phei.com.cn

通信地址：北京市万寿路 173 信箱

　　　　　电子工业出版社总编办公室

邮　　编：100036